「戦争体験」とジェンダー

アメリカ在郷軍人会の第一次世界大戦戦場巡礼を読み解く

望戸愛果
Aika Moko

明石書店

「戦争体験」とジェンダー

アメリカ在郷軍人会の第一次世界大戦戦場巡礼を読み解く

目次

凡例

- 本書における引用の際、アメリカ在郷軍人会の機関誌に関しては以下の略語を用いた。

　ALW：*The American Legion Weekly*

　ALM：*The American Legion Monthly*

- 「アメリカ在郷軍人会」とは、第一次世界大戦が終結した一九一九年にパリで結成された退役軍人組織を指す。ただし、本書第2章では「初代在郷軍人会」（一九一五年にニューヨーク市にて結成）と「戦後在郷軍人会」（一九一九年にパリにて結成）という区別を用いる。
- 『星条旗新聞』（*The Stars and Stripes*）』については以下の二種類の表記を用いた。

　◦第一次世界大戦版『星条旗新聞』（一九一八年二月〜一九一九年六月）——第一次世界大戦期にアメリカ遠征軍がパリにて週刊で発行。

　◦在郷軍人会版『星条旗新聞』（一九二七年九月一五日〜二五日）——在郷軍人会会員への旅行情報の提供のために、在郷軍人会全国本部がパリにて日刊で発行。

- 本書における引用の際、筆者が原文に補足した部分には〔 〕を用いた。
- nurse の訳語は「看護婦」に統一した。これは、戦間期在郷軍人会における会員としての nurse が、女性に限定されていたためである。
- 外国人名はカタカナで表記した。

序　章　「軍事化」と「平凡化」をめぐる諸問題

1　「軍事化とジェンダー」論再考

ここに一葉のメニューがある。かつてタイタニック号を所有していたことで知られる有名船会社ホワイト・スター・ラインが作成した、一九二七年九月一七日付けセルティック号の船上ディナー・メニューである。「パリへ！　一九二七年（On to Paris! 1927）」と記された表紙にはAMERICAN LEGIONの文字を配した太陽と星のエンブレムが掲げられている。メニューの裏には、鉄兜を被り、銃剣を担いだ第一次世界大戦アメリカ軍兵士の行軍イラストが添えられている。

同メニューには、「シャトー・ティエリのコンソメスープ」「サン・ミエルのポタージュ」といった、第一次世界大戦中に多数の戦死者を出したことで知られるアメリカ軍の激戦地の名を冠した料理が筆頭に並ぶ。さらには、「フォッシュ〔元帥〕風カレイの切り身」「パーシング〔将軍〕風ロースト・ターキーのソー

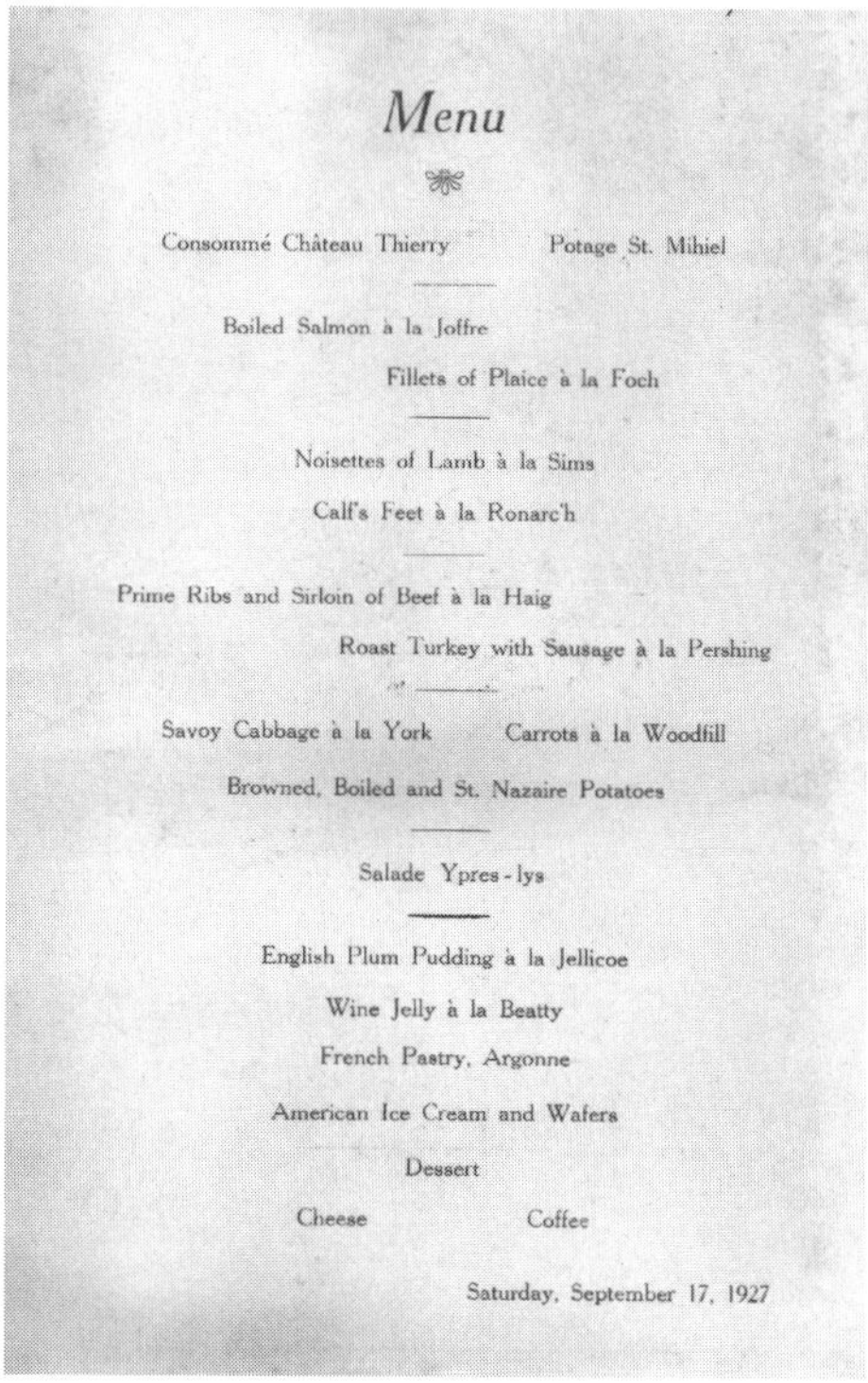
Menu

Consommé Château Thierry　Potage St. Mihiel

Boiled Salmon à la Joffre
Fillets of Plaice à la Foch

Noisettes of Lamb à la Sims
Calf's Feet à la Ronarc'h

Prime Ribs and Sirloin of Beef à la Haig
Roast Turkey with Sausage à la Pershing

Savoy Cabbage à la York　Carrots à la Woodfill
Browned, Boiled and St. Nazaire Potatoes

Salade Ypres-lys

English Plum Pudding à la Jellicoe
Wine Jelly à la Beatty
French Pastry, Argonne
American Ice Cream and Wafers
Dessert
Cheese　Coffee

Saturday, September 17, 1927

図1　1927年9月17日、船上ディナーの内容
（S. S. Celtic, September 17, 1927）

セージ添え」「ヨーク〔軍曹〕風ちりめんキャベツ」といった、西部戦線の英雄たちの名を流用した料理すら掲載されている（図1参照）。

第一次世界大戦アメリカ参戦（一九一七年）からちょうど一〇周年の節目にあたる一九二七年九月一七日、ニューヨークからシェルブールへと向かう汽船セルティック号には、第一次世界大戦後に設立され今日まで存続する、アメリカ最大の退役軍人組織「アメリカ在郷軍人会（American Legion）」（以下「在郷軍人会」と略記）に所属する世界大戦退役軍人が多数乗船していた。参加者総数約二万人にも上る在郷軍人会の「神聖なる」西部戦線巡礼事業――その事業規模の大きさから「アメリカ遠征軍再び（Second A.E.F.）」とも呼ばれた[1]――に参加するためである。メニューの表紙に掲げられた在郷軍人会の会章が示しているように、これは、苛酷かつ悲惨な世界大戦の当事者であり、大規模な戦場巡礼[2]を実施するために「パリへ！」と向かう途次にある、在郷軍人会会員専用のメニューなのである。ただし、同メニューを「男性退役軍人」専用の品と安易に見なすことはできない点には注意されたい。一九二七年に実施された在郷軍人会の西部戦線巡礼事業には、少なくとも三〇〇〇人から四〇〇〇人の女性参加者がいたと見られており、そのなかには戦地で仲間を失った元従軍看護婦たちも含まれていたのである。

「神聖なる」戦場巡礼において畏敬と崇拝の対象であるはずのアメリカ軍の激戦地が「コンソメスープ」の料理名と化したとき、そこにいかなるジェンダーの力学が働いているのかを問うことは、一見「些末な」行為に思えるかもしれない。あるいは、既存のジェンダー研究の分析視角を用いれば、説明は十分であるとの声もあるだろう。アメリカの政治学者C・エンローの議論「スープ缶はいかにして軍事化されるか？」は日本国内でも繰り返し紹介されている。

エンローが論じる「軍事化（militarization）」とは、「何かが徐々に、制度としての軍隊や軍事主義的基準に統制されたり、依拠したり、そこからその価値をひきだしたりするようになっていくプロセス」であると定義される（Enloe 2000=2006: 218, 強調は原文）。エンローが指摘する軍事化される「何か」とは、多くの場合においてごく日常的なありふれたものである。[3] エンローの研究は、「軍事化とジェンダー」をめぐる議論として日本に紹介され、高く評価されてきた。「軍事化はたいてい「平時」と呼ばれる時に起こる」ものであり、さらに「軍事化は、爆弾や迷彩服から遠く離れたところにいる人々、モノ、概念の、意味や用法を変えていくのである」と佐藤文香はエンローの議論に依拠しながら警鐘を鳴らす（佐藤 2014: 34）。

「軍事化」の具体的なあり方を論じるためにエンローがその筆頭に例示しているのが、サッチャー政権下、ロンドンのスーパーマーケットで販売されていたトマトスープの缶詰である（Enloe 2000=2006: 19-21）。ロニー・アレキサンダーは、エンローの「軍事化」概念の強みを以下のように簡潔に指摘する。

軍事予算の増加などに賛成することは具体的でわかりやすいが、日常生活における軍事化は気づきにくい。エンローは、次のように缶詰のトマトスープを使って不可視な軍事化を可視化する。

欧米の缶詰のスープに具として使われるパスタは普段アルファベットの形をしているが、サッチャー時代にイギリスで販売されていたあるメーカーのトマトスープには、スターウォーズ用の軍事衛星の形のパスタが使われていた。スープを飲みたがらない子どもを持つ母親が衛星の形をしたパスタが入っていれば飲んでくれると思えば、そのスープを買う。衛星型のパスタを考えた広報担当者や生産販売した会社をはじめ、買う母親や喜ぶ子ども。この人たちはみな、軍事化されている。スープを買うときに「戦争」を思い浮かべたりはしないであろうが、軍事化が日常に使用する製品を通じて私たちの生活の中に浸透してくる。（アレキサンダー 2004: 61, 強調は引用者）

エンローが挙げた冷戦期イギリスの「トマトスープ」とは違って、筆者が示した戦間期アメリカの「コンソメスープ」は「軍事化」概念で論じることができそうもない。在郷軍人会会員が「戦争」を思い浮かべたりはしないで「シャトー・ティエリのコンソメスープ」を注文することは考えにくいし、「戦争」にまつわるものだと気づかないで「ヨーク〔軍曹〕風ちりめんキャベツ」を口にすることもないだろう。彼ら・彼女らは、戦後九年経ってなお、「戦争」をあえて意識的に日常的なもののなかに取り入れる人々なのである。確固たる反戦の立場から提起された「軍事化とジェンダー」論は、こうした「戦争を抱きしめる」人々の意識を置き去りにして進んでいく。

本書冒頭で挙げたディナー・メニューには、「軍事化とジェンダー」論では解明しきれない問題がまだ残されている。メニューの内容を注意深く観察すれば、ジェンダー研究者は、そこに列挙されている料理名が「男性の戦闘体験」と深く結びつき、その他の体験は捨象されていることに気づくだろう。つまり、「サン・ジル監獄のコンソメスープ」とか、「イーディス・キャベル風ちりめんキャベツ」といったものは存在する余地がない。[4] 繰り返しになるが、このメニューが男性退役軍人向けのものであるからという説明は、戦場巡礼事業には女性も多数参加していた事実からして説得力に欠ける。「男性の戦闘体験」にまつわる名がディナーとなって在郷軍人会会員の口に運ばれたのは、それが戦争において最も価値ある名だと彼ら・彼女らが気づいていたからにほかならない。つまり、彼ら・彼女らは「戦争」を意識的に日常のなかに取り入れる人々であるばかりでなく、各自の「戦争体験」の間に横たわる「序列」を日々意識しながら生きる人々でもある。

無論、「軍事化とジェンダー」論も、男性の「戦闘の経験」を最高位に据える「ヒエラルキー」の存在に気づき、すでにそれを問題化している。エンローは以下のように述べる。「軍に多くの女性が入る前から、戦闘は特別のものだった。それは軍事化された男性性のヒエラルキー（hierarchies of militarized masculinity）をつくるために使われた。すなわち、軍服を着るだけでは十分に男らしいとはいえない。……父や祖父が戦闘を禁じられていた男が、その立場を許されたら、たとえ怪我や死が待っていようとも誇りに思うだろう」（Enloe 1993: 56-7=1999: 68, 一部筆者改訳）。

エンローの言葉——父や祖父が戦闘を禁じられていた男が、その立場を許されたら、たとえ怪我や死が待っていようとも誇りに思うだろう——は、現代においても鋭い問いを投げかけるものである。「軍隊にいる比較的少数の男性が、戦闘の経験をする。多くは戦闘のないまま兵役を終わる。何百万人もが実際の戦闘とは縁がなく、コックや機械工や教官や会計係として兵役を果たす。それでも、戦闘は観念的な効力をもちつづける」（Enloe 1993=1999: 68）。

一方で、「ヨーク〔軍曹〕風ちりめんキャベツ」の存在を視野に入れる立場からすれば、「軍事化された男性性（と女性性）のヒエラルキー」は、エンローが想定するほどに静態的で頑ななものなのだろうかと新たに問い直すことも可能になるだろう。畏敬と崇拝の対象である「男性の戦闘体験」がキャベツを食すことによって親しみやすく身近なものになるならば、「戦闘体験のないまま」に終わった男性退役軍人や元従軍看護婦は（少なくとも、ディナーの間は）「戦争体験」の間に横たわる序列を意識せずに済むかもしれない。さらに、より積極的な意味を見出すことも可能である。このようにくつろいだディナーの存在を抜きにしては――つまり、「戦争体験」の序列意識を常に張りつめさせたままでは――「神聖なる」戦場巡礼を完遂し、「男性の戦闘体験」を頂点とする序列の維持を図ることが不可能なのではないか、と。

エンローが「軍事化された男性性のヒエラルキー」と呼ぶものを、筆者は本書において「「戦争体験」のジェンダー化された序列」という、より多層的かつ動態的な枠組みを用いて、新たに捉え直したい。なぜカギ括弧つきの「戦争体験」なのか、そしてなぜ「序列」が「動態的」になるのか。こうした疑問については次章で答える。ここで強調したいのは、現代においても根強く効力を持つ「男性の戦闘体験」を頂点とする序列の存続過程を解き明かす、新たなジェンダー研究――「「戦争体験」のジェンダー学」と呼ぶべきもの――の必要性なのである。

2 「戦争の平凡化」の担い手としての退役軍人組織

本書の分析対象は、第一次世界大戦を生き抜いたアメリカの男性退役軍人と元従軍看護婦の「戦争体験」であり、戦間期在郷軍人会の西部戦線巡礼事業（一九二一年巡礼、一九二二年巡礼、一九二七年巡礼の三回）を主な事例として論じる。すなわち、一九二〇年代に在郷軍人会会員としてヨーロッパ戦場巡礼を行った男性退役軍人と元従軍看護婦をめぐる歴史社会学的な実証分析である。在郷軍人会の動向を知る上で最も重要な資料である組織機関誌の総覧はもちろんのこと、戦場巡礼事業のために発行された会員向け情報提供紙、旅行パンフレット、戦場地図、土産物絵はがきといった史資料も使用する。世紀を越えて現在まで存続する、アメリカ最大の退役軍人組織である在郷軍人会[5]の戦場巡礼事業を事例とすることによって、「「戦争体験」のジェンダー化された序列」という本書の理論的枠組みの精緻化および普遍化を図ることが狙いである。

在郷軍人会による三回の戦場巡礼の概要は表1を参照されたい。なお、在郷軍人会全国本部が発行していた定期刊行物として、特に重要になるのは以下の二点である。

第一に、全国本部が発行していた会員向け公式機関誌『アメリカン・リージョン・ウィークリー（*The American Legion Weekly*, 以下凡例にしたがって*ALW*と表記）』（後に『アメリカン・リージョン・マンスリー（*The American Legion Monthly*, 以下凡例にしたがって*ALM*と表記）』に改題）には、全国本部の役員によって執筆された戦場巡礼事業に関する特集記事が数多く掲載されている。一般会員の「声」を掲載する投稿欄（「在郷軍人会の声（The Voice of the Legion）」）も存在しており、投稿掲載の決定権が全国本部側にあることを理解した上で

表1　在郷軍人会の各戦場巡礼事業の概要

	1921年巡礼	1922年巡礼	1927年巡礼
日　程	1921年8月3日～9月11日	1922年8月5日～9月16日	1927年8月6日～11月4日
参加者動員方法	州支部による選抜	全国本部が募集	全国本部（フランス大会委員会）が募集
目標参加者数	250人	200人	30,000人
実際の参加者数	約200人（本部役員約50人、州支部代表者147人）	63人（退役軍人50人、女性13人）	19,991人（このうち女性は約3,000人～4,000人）
必要旅費	800ドル	525ドル	300ドル
概　要	フランス政府からの招待を受けて式典に参加。戦闘体験を持つ「男たち」のための巡礼であるとされる	フランス、ベルギー、イギリスをめぐる私的な旅行。参加申込みの受け付けは「先着順」とされる	パリでパレードを実施した後、アメリカ軍戦場・墓地を訪問する。広く「一般会員」のための巡礼であるとされる

出所：筆者作成。

分析に使用するならば有意義である。[6] 公式機関誌は、全国本部による会員動員の変遷を捉える上で最も重要になる史資料であり、本書ではこれを総覧することによって戦場巡礼事業の実施過程の詳細を析出する。

第二に、全国本部がパリで発行した会員向けの旅行情報紙として重要になるのが、在郷軍人会版『星条旗新聞』である。よく知られているように『星条旗新聞（*The Stars and Stripes*）』は南北戦争に起源を持つアメリカ軍の発行物であり、主として従軍兵士向けの新聞メディアとして現在に至るまで長く発行がつづけられている。第一次世界大戦期におけるアメリカ遠征軍の『星条旗新聞』は、一九一八年二月からパリにて週刊で発行が開始されており、休戦協定締結後の一九一九年六月をもって最終号とされた。本書では、これを第一次世界大戦版『星条旗新聞』と呼ぶこととする。

他方、ほとんど知られていないことであるが、第一次世界大戦後の『星条旗新聞』は、一九二七年九月中旬のパリにて約一〇日間という期間限定で再刊されている。これは、二七年巡礼の参加者として渡仏中であった約二万人の在郷軍人会会員への旅行情報の提供のために、在郷軍人会全国本部が九月一五日から二五日にかけて日刊で発行したものである。本書では、これを在郷軍人会版『星条旗新聞』と呼んだ上で総覧・検討する。その他、全国本部が戦場巡礼事業のために発行したパンフレット・地図類も併せて使用する。

本書があえて「退役軍人組織の戦場巡礼」という事例に焦点を合わせるのは、それが「戦争体験の神話化」と「戦争の平凡化」という二つのジェンダー化された力学を明らかにすることを可能にし、ひいては、「「戦争体験」のジェンダー化された序列」の動態を解明することにつながると考えるためである。

「戦争体験の神話化」と「戦争の平凡化」とは、第一次世界大戦について論じた歴史学者G・モッセが提起した概念である。[7] モッセは、未曾有の破壊規模ゆえに容易に直面できない戦争の苛酷な現実を「超越（transcend）」するために、戦中・戦後の社会が編み出した二つの方法について述べている。一つは、戦没者祭祀や戦場巡礼に見られるように男性兵士の犠牲や献身を尊いものと位置づけることによって「神聖なるもの（the sacred）」を強調する——つまり、「特別かつ神聖な体験としての戦争」を称揚する——やり方であり、モッセはこれを「戦争体験の神話化（mythifying the war experience）」と名づける（Mosse 1990: 9）。モッセによれば「神話化」の強力な担い手は戦闘配置についた男性の前線兵士たちであり、彼らの体験は画家や作家といったエリート層を介して広範に普及していったという（Mosse 1990=2002: 74-5）。簡潔に言えば、「戦争体験」を「日常生活から乖離して持ち上げ」る過程が、「戦争体験の神話化」なのである（Mosse 1990=2002: 131）。

「戦争体験の神話化」が高度にジェンダー化された過程であることは論を俟たない。つまり、「男性の戦闘体験の男らしい神話化」こそが重要になるのであり、戦闘への参加を許されない女性は不可視な存在として周縁化されるか、あるいは受動的なシンボルの役割しか果たさないと見なされるのである。モッセは以下のように論じている。「戦場での看護婦は賞賛され高く評価されたし、しばしば傑出した勇気を示した。それでもやはり、受動的なイメージのままであった――戦闘から距離を置いた慈悲深い天使のイメージである」。さらに、モッセは以下のようにも指摘する。「戦争自体は多くの女性が伝統的な女性役割から脱け出す助けとなったが、むしろ戦争体験の神話が長く育んだ男性性の観念を強化した。……戦争体験の神話は、成年男子たる精力的性質を中軸に据えることで、女性を受動的で補助的な役割にのみ留めたのである」（Mosse 1990=2002: 68-9）。近年のジェンダー研究者の研究成果によれば、第一次世界大戦に従軍した看護婦は必ずしもこのような「受動的なイメージ」に甘んじていたわけではなく、むしろ男性化された戦争表象に抗うべく自ら言語の戦いに取り組んでいたことが明らかにされてきているが（荒木 2013, 2014）、いずれにせよ「戦争体験の神話化」の過程のなかでは、戦場で戦う「男性性」が最も価値あるものとして称揚されるという点は異論なきところであろう。[8]

モッセによれば、この「戦争体験の神話化」と軋轢を引き起こしながら進行するもう一つの方向性が、主に大衆文化の分野で展開され、民間の「善男善女」によって担われる「戦争の平凡化（trivialization of war）」なのである。「戦争の平凡化」とは「戦争を賞賛して栄光を称えるのではなく、選んで手元に置いておく程度に親しみやすくする」ことで、戦争の現実を操作する手段であり（Mosse 1990=2002: 133-4）、より厳密に言えば、「畏怖させ怯えさせるものではなく、ありふれたものとなるまで、戦争のサイズを切り詰めること

（cutting war down to size so that it would become commonplace instead of awesome and frightening）」であると定義されている（Mosse 1990: 126, 筆者訳）。モッセは、第一次世界大戦期から戦間期にかけて欧米社会で盛況を博した戦争絵はがき、戦争演劇、戦争玩具、軍人・兵器をかたどった装飾小物、そして戦場観光旅行などを「平凡なもの（the trivial）」の具体的事例として挙げ、それらの社会的流行によって戦争は「畏怖させ怯えさせる存在ではなく、ありふれたものとなった」「民間人は楽しみながら、愛国心や忠誠心を確保し続けることができた」「戦争の傷跡は隠蔽された」「多くの退役軍人が……戦争の記憶はどうなったのかと嘆いた」と論じている（Mosse 1990=2002: 133, 148, 158）。一言で言えば、「平凡化」の過程を介して「戦争は日常生活という構造に織り込まれた」のである（Mosse 1990=2002: 146）。

モッセの「平凡化」概念は、「高い教育のある兵士たち」のみならず「大衆も戦争イメージを消費する担い手」として台頭する新たな局面を捉える歴史社会学的視角として評価されてきた（城 2002: 146-8）。第一次世界大戦をめぐる研究史・論争史を概括したJ・ウィンターらは、モッセの「平凡化」概念は、従来行われてきた「軍事・外交研究」「社会史研究」につづく第三の学問領域である「文化・社会研究」を切り開いたと指摘している（Winter and Prost 2005: 28）。ただし、モッセの想定では、「戦争の平凡化」の推進者はあくまで「民間人」ないし「銃後の人々」であり、しかもその効用は彼ら・彼女らが抱える戦争をめぐる「痛み」や「悲しみ」の解消であるとされている（Mosse 1990=2002: 139, 158）。ゆえに、「戦争の平凡化」が「戦争体験の神話化」同様にジェンダー化された過程であるとは理解しておらず、ましてや、「神聖なる」戦場巡礼の担い手である退役軍人組織が「戦争の平凡化」の担い手になるとは想定していない。

図2は、「神話化」と「平凡化」をめぐるモッセの議論を、筆者が図示したものである。この図に表れて

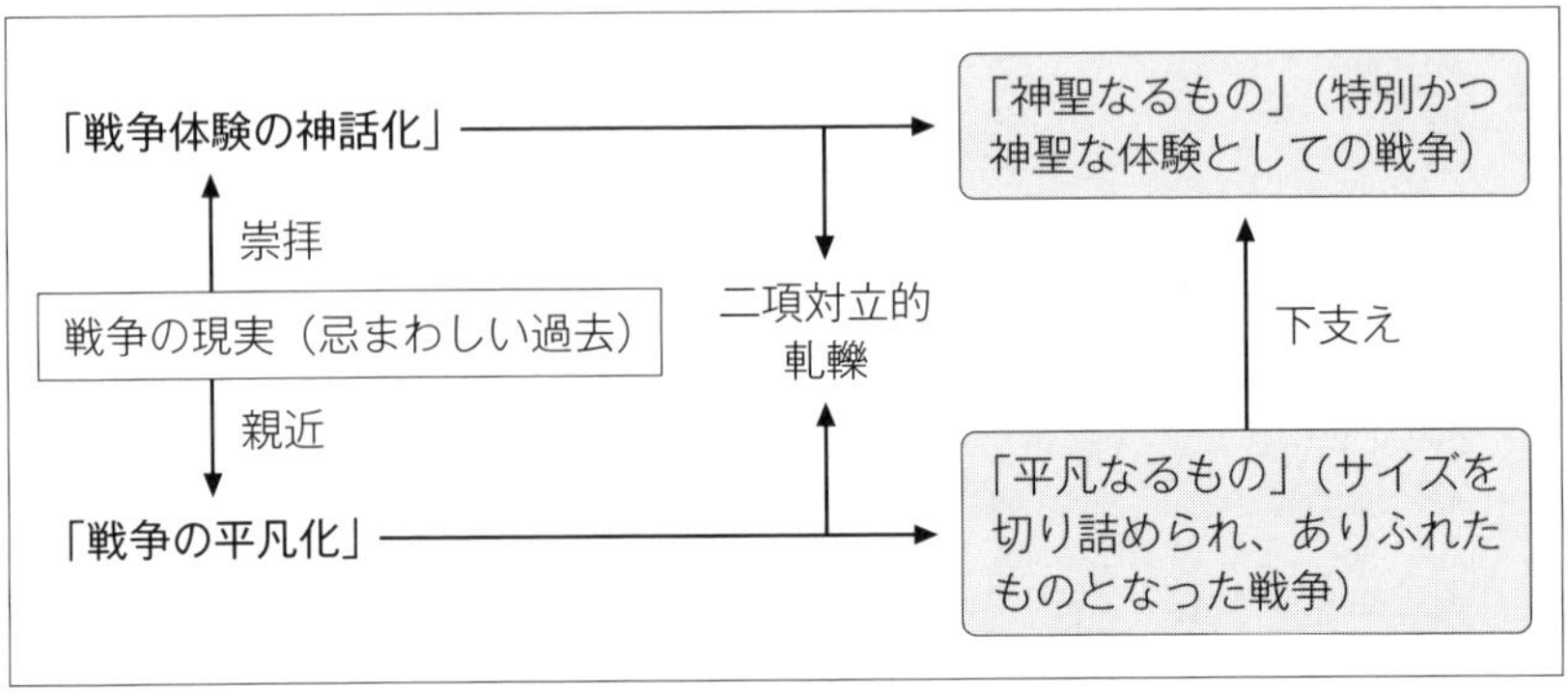

図 2　「神話化」と「平凡化」の二項対立モデル（モッセの分析枠組み）
出所：Mosse（1990=2002）に基づき筆者作成。

いるように、モッセの議論では、「戦争体験の神話化」の過程（「特別かつ神聖な体験としての戦争」を日常生活から乖離して持ち上げる過程）と「戦争の平凡化」の過程（「サイズを切り詰められ、ありふれたものとなった戦争」を日常生活のなかに織り込む過程）は、二項対立的軋轢を生み出しつつも、最後には後者（「戦争の平凡化」）が前者（「戦争体験の神話化」）を支える予定調和的な関係にあるものとして捉えられている。

モッセによれば、「戦争体験の神話化」と「戦争の平凡化」の究極的効果は同一である。つまり、「神話化」も「平凡化」も、本来は忌まわしいはずの過去（戦争の現実）を「受け容れやすくする」効果を持つのである（Mosse 1990=2002: 12-3）。しかしながら、「神聖なるもの」となった戦争（「戦争体験の神話」）が「戦争の現実」にとって代わり得る強い力を備えているのに対し、取るに足りない「平凡なるもの」となった戦争にそのような力はなく、ただ一時的に「戦争の現実を否定する」ことのみが可能になると想定されている（Mosse 1990=2002: 137）。ゆえに、最終的には、「平凡なるもの」（サイズを切り詰められ、ありふれたものとなった戦争）は「神聖なるもの」（特別かつ神聖な体験としての戦争）を「下から支える」役割を担うことになる（Mosse 1990=2002: 149）。

モッセの議論に基づけば、「神聖なる」戦場巡礼の担い手である退役軍人はもっぱら「戦争体験の神話化」のみを積極的に推し進め、民間人による「戦争の平凡化」を常に「嘆く」存在である。しかし、本書の分析対象である戦間期アメリカ在郷軍人会の事例に基づく限りにおいて、モッセのこの想定を裏切る史資料が多数存在している。

たとえば、本書冒頭に挙げた「シャトー・ティエリのコンソメスープ」である。モッセの議論に基づけば、畏敬と崇拝の対象である「神聖なる」激戦地の名をありふれたコンソメスープの料理名に変える行為は「戦争の平凡化」の典型であるだろう。筆者が「シャトー・ティエリのコンソメスープ」を、エンローの「軍事化」概念ではなく、モッセの「平凡化」概念で捉える方が適当であると考えるのは、このスープが（少なくとも、在郷軍人会会員にとっては）「戦争」を思い起こさせないわけにはいかないスープだからである。つまり、「ありふれたスープが血なまぐさい戦争に結びつけられた」（エンロー）と捉えるのではなく、「血なまぐさい戦争がありふれたスープにされた」（モッセ）と理解するのである。戦争が日常生活のなかに織り込まれる過程に注目するモッセの「戦争の平凡化」概念は、エンローの「軍事化」概念と同様の局面を捉えつつ、逆の方向性を指し示している。

「シャトー・ティエリのコンソメスープ」の提供者はホワイト・スター・ライン社（すなわち、民間の営利企業）であり、戦場巡礼に参加した在郷軍人会会員はこの不謹慎なスープを嘆きながら飲んだかもしれないのだから、この意味においてモッセの想定は正しいと言える。一方で、メニューの表紙にはっきりと刻印された在郷軍人会の会章は、このメニューは在郷軍人会公認の品であり、民間企業の独断で作成されたものではないという事実を指し示している。そもそも一九二七年の在郷軍人会の戦場巡礼事業においては、巡礼者の乗る船はセルティック号も含めてすべて同会が独自に手配していた。「在郷軍人会公認船」と名づけられたこれらの船では、通常の航海とは異なる特別な規定（たとえば、「在郷軍人会公認船に乗るすべての旅行者は、使用している客室の等級にかかわらず、あらゆる公共スペースおよびデッキに制限なしで立ち入ることができる」といった規定）が在郷軍人会側の方針によって実施されていたのである（詳細は第5章第1節にて後述）。

　退役軍人組織は「戦争の平凡化」の積極的な担い手となり得る。本書冒頭の船上ディナー・メニューが示すそのような事実を視野に入れるならば、「戦争の平凡化」の過程は「戦争体験の神話化」と同様に高度にジェンダー化された過程であり、かつ、「戦争体験の神話化」とは別種のジェンダーの力学が作動する過程であるということを、新たに明らかにすることができるだろう。「ヨーク（軍曹）風ちりめんキャベツ」について今一度考えてみるとよい。「戦争体験の神話化」においては最も価値あるものとして崇拝・称揚されてしかるべき戦場の英雄の「男性性」が、「戦争の平凡化」の過程においてはキャベツ料理に変容させられた上で在郷軍人会会員の口のなかに運ばれるのである——そこには確かに、「戦争体験の神話化」とは異なる、別のジェンダーの力学が作動している。

　在郷軍人会の西部戦線巡礼を分析対象としながら、「戦争体験の神話化」におけるジェンダーの力学と「戦争の平凡化」におけるジェンダーの力学の関係性を捉え、ひいては、「「戦争体験」のジェンダー化された序列」の動態を解明すること。本書の研究課題は、ここに設定される。

3　先行研究の整理

第一次世界大戦開戦一〇〇周年を機に同戦への学術的関心は近年飛躍的に高まっており、日本国内においても、長らく「忘れ去られた戦争」（山室 2014: 4）でありつづけてきた第一次世界大戦を再発見し、海外の研究動向を視野に入れながら独自の貢献を行おうとする研究者が数多く登場してきている。第一次世界大戦退役軍人組織に対する関心もその例外ではない。第一次世界大戦後フランスの退役軍人組織について論じた渡辺和行の研究（渡辺 2006）やヴィシー政権下のフランスで設立された「兵士たちのフランス軍団（Légion française des combattants）」に関する松沼美穂の研究（松沼 2008）、そして第一次世界大戦後ドイツで活動した「義勇軍（Freikorps）」に関する今井宏昌（今井 2016）および藤原辰史（藤原 2014）の研究、さらにイギリス帝国における「イギリス在郷軍人会（Royal British Legion）」「カナダ在郷軍人会（Royal Canadian Legion）」「オーストラリア帰還兵士連盟（Returned Services League of Australia）」などについて論じた津田博司の研究（津田 2012）が、研究成果として提出されてきている。

一方、アメリカの第一次世界大戦退役軍人組織の研究は、管見の限り日本国内では手がつけられていない。一九七〇年代に上杉忍が「アメリカ右翼・ファシズム運動研究」の一環として提示したアメリカ在郷軍人会についての記述（上杉 1972）、あるいは、斎藤眞が『アメリカを知る事典』のなかに記した「アメリカン・リージョン」についての項目（斎藤 2000）など、短い考察があるのみである。二〇一四年に刊行された全四巻立ての論考集『現代の起点　第一次世界大戦』第一巻第一章のなかでは、アメリカが果たした役割について以下のように論じられている。「一九一七年六月から史上初めてヨーロッパでの戦闘に送られたアメリカ軍の兵士は二〇〇万人を超えた。専ら西部戦線の戦闘に従事したため、アメリカの参戦は戦場の拡大には結びつかなかった。戦闘において重要な役割を果たすようになるのは一九一八年に入って以降であり、とりわけ七月からの一連の戦いではドイツ軍を敗北に追い込むことに大きく貢献した。とはいえ、アメリカが為した最大の貢献はむしろ経済の領域にあった」（小関・平野 2014: 50）。日本国内の研究者のこうした認識が、第一次世界大戦アメリカ退役軍人組織をめぐる乏しい研究状況に影響を及ぼしていると考えられる。

他方、海外においては研究状況が異なる。第一次世界大戦後の一九一九年にパリにて創設されたアメリカ最大の退役軍人組織「アメリカ在郷軍人会」については、W・ペンカックの議論に代表されるような退役軍人組織史（Pencak 1989）が先行して著されてきた。また、一九九〇年代以降には、国家形成論・福祉国家論の系譜に在郷軍人会を位置づけるA・キャンベルの歴史社会学的諸研究（Campbell 1997, 2003, 2010）が登場した。キャンベルの議論は、T・スコッチポルの著書『軍人扶助制度と母性保護（*Protecting Soldiers and Mothers*）』（Skocpol 1992）の影響を受けている。すなわち、軍人恩給制度をめぐる退役軍人の組織活動（スコッチポルの場合、南北戦争後に結成された退役軍人組織の諸活動）を取り上げ、これを戦時動員政策・福祉国家形成と関連させて論じるものである。キャンベルの社会学的視座は、在郷軍人会構成員の出身階級を明らかにし、他の市民結社と組織的特徴を比較する上で有効であり、本書にも重要な示唆を与えてくれる。しかし、「戦争体験」をめぐる問題は、キャンベルの議論の中心ではない。

ただし、近年は従来の研究とは異なるアプローチが提出されてきている。二〇一〇年以降に提出された在郷軍人会に関する最新の研究として、B・ブロワー（Blower 2011）、L・ブドロー（Budreau 2010）、S・トラウト（Trout 2010）の研究を挙げることができる。これらの諸研究が共通して焦点を当てているのは、在郷軍人会が一九二七年にフランスで実施した戦場巡礼事業のあり方である。

第一次世界大戦へのアメリカ参戦一〇周年を記念して、約二万人もの会員を集団渡仏させた在郷軍人会の一九二七年巡礼事業は、歴史上類を見ないほどに巨大な団体規模で米仏両国のメディアの注目を引きつけた。先行研究が明らかにしてきたように、シャンゼリゼ通りで色鮮やかなパレードを行い、パリで夜通し観光に興じる在郷軍人会の「巡礼者」の有様は、『ネーション（*The Nation*）』などの左派言論誌やフランス側メディアによって批判的に伝えられた。一方で、このような報道の存在自体が、在郷軍人会に批判的な立場をとる人々に対しても、一九二七年の大規模巡礼事業が強烈な印象を与えたことを証明していた。二七年巡礼事業に関するL・ブドローの記述は、イギリス帝国の退役軍人組織に比して、アメリカ在郷軍人会がいかに「文化的」影響力の面で勝っていたかを強調している点において興味深いものである。ブドローは以下のように述べる。

はるかに多くの死者を出したイギリスとフランスが戦没者を敬虔な態度で共に守っていこうとしている最中に、アメリカ在郷軍人会会員は文化的な侵入者として入り込んできたのだった。……大西洋を越えてやってきたアメリカニズムの広範な影響力に疑いの余地はなかった。一九二八年にヴィミー・リッジ〔カナダ軍およびイギリス軍の戦勝地〕で歓迎の凱旋門をくぐったイギリス在郷軍人会の巡礼者たちは、フランス人芸術家がその門にカナダ兵の姿を描かず、その代わりにうっかりアメリカ兵の姿を描き込んでしまっていることに気づいて、さぞや失望したことだろう。（Budreau 2010: 189）

アメリカ在郷軍人会をめぐる以上のような国内外の研究動向を踏まえた上で、浮かび上がってくる具体的な問題点は、以下の三点にまとめられる。

第一に、在郷軍人会の戦場巡礼事業の文化的影響力という研究テーマが新たに提示される一方で、その「影響力」の担い手——在郷軍人会の一般会員——が台頭する過程を説明する分析枠組みが整えられていないことである。そもそも一九二七年の在郷軍人会の戦場巡礼事業は、一九九〇年代にH・レヴェンシュタインによって行われた、アメリカ人のフランス観光史研究のなかですでに取り上げられていたテーマであった。そこにおいては、渡仏した在郷軍人会会員の多くが「娯楽を求めるミドル・クラスのツーリスト」と化していた一九二七年の巡礼事業は、「戦争の平凡化」の過程の一環、すなわち「時の経過とともに戦争が過去へと押し流され、観光客／巡礼者を隔てる区別そのものがぼやけてしまうという必然的な事態」の表れであると位置づけられていた[9]（Levenstein 1998: 225）。レヴェンシュタインの研究は、「戦争の平凡化」に在郷軍人会会員自身が荷担してしまうこともあると指摘している点で、本書と近い立場をとっている（Levenstein 1998: 274）。しかしながら、そうであるとすれば、「時の経過とともに」「必然的」に「戦争の平凡化」が起きるといった宿命論的議論に終わるのではなく、むしろ「平凡化」の担い手としての在郷軍人会会員の台頭とその「影響力」を実証的に説明するような枠組みが必要であろう。そのような分析枠組みをもってしてはじめて、「戦争の平凡化を楽しむ民間人」対「戦争の平凡化を嘆く退役軍人」という危うい本質主義的議論を脱することができるのである。

第二に、先行研究が注目しているのは、一九二七年の戦場巡礼事業のみであるということである。実際には、在郷軍人会の戦場巡礼事業は、一九二〇年代に三回（二一年、二二年、二七年）にわたって実施されている。本来はごく少数の組織代表者によって独占的に執り行われる記念事業であったはずの西部戦線巡礼が、いかにして大衆参加型の旅行へと変形させられていったのか、その組織的プロセスを明らかにした研究は、管見の限り存在しない。

第三に、先行研究の多くが、「在郷軍人会会員」とはすなわち「男性退役軍人」のことであると想定していることである。しかしながら、戦間期における在郷軍人会の成り立ちを見る限りにおいて、「看護婦」[10]をいかに組織内に位置づけるかという点は、組織創設当初から大きな課題となって存在していた。また筆者の調査では、一九二七年の在郷軍人会の戦場巡礼事業には、看護婦のみで占められる地方の女性組織から多数の参加者があった事実が確かめられているが、こうした事実について触れた先行研究は皆無である。もし看護婦たちが在郷軍人会による「戦争の平凡化」に自ら進んで加わっていったのであれば、そこにはどのようなジェンダー化された過程が展開されていたのであろうか。このような問いを立てることは、「痛み」や「悲しみ」を解消して民間人が戦争を「楽しむ」ための「平凡化」という、従来の固定的な枠組みを超えていくことにほかならない。

4　本書の構成

本書は序章、終章を含め、七章から構成される。

序章では、「軍事化」概念と「平凡化」概念をめぐる諸問題を考察した上で、本書の分析対象となる在郷軍人会に関する国内外の先行研究の整理を行った。

第1章では、「男性の戦闘体験」を中核とする「「戦争体験」のジェンダー化された序列」の維持を、序列の厳格化（「戦争体験の神話化」）と曖昧化（「戦争の平凡化」）という二つの局面から析出する、本書独自の理論的枠組みが明らかにされる。

第2章では、第一次世界大戦後の在郷軍人会の設立経緯を、主に「男性の戦闘体験」崇拝（「戦争体験の神話化」）との関係から歴史的に論じる。

第3章では、組織創設期（一九一九年から一九二一年まで）の在郷軍人会に着目し、当初は単に「フランス再訪」と呼ばれていた退役軍人の戦場訪問が、やがて「真の巡礼者」による「聖地」再訪と呼ばれるに至るまでの組織的過程を明らかにする。

第4章では、一九二二年から一九二四年にかけての在郷軍人会に注目する。休戦協定締結から三年以上が経過し、フランス戦場の景観が大きく様変わりしていくなかで生じた、在郷軍人会とフランス戦場のかかわり方の変化、および、在郷軍人会におけるフランス戦場巡礼の担い手の変容を、主に「「戦争体験」のジェンダー化された序列」の曖昧化（「戦争の平凡化」）との関係から明らかにする。

第5章では、一九二五年以降の在郷軍人会に焦点を合わせ、在郷軍人会が大規模巡礼事業実施（一九二七年巡礼）から巡礼施設運営（すなわち、「聖地」の創出）へとその事業内容を移行させていく過程を明らかにする。

終章では、「戦争を抱きしめる」人々を分析の中心に据えた本書の成果をまとめ、「「戦争体験」のジェンダー化された序列」をめぐる研究の重要性と今後の発展可能性を示す。

注

1 A.E.F. とは American Expeditionary Forces の略語である。

2 本書では、G・モッセの *Fallen Soldiers*（邦題『英霊』）を翻訳した宮武実知子にしたがい、battlefield pilgrimage を「戦場巡礼」と表記する（Mosse 1990=2002）。日本語の文脈では「戦跡巡礼」がより広範に使用されている言葉であるが、本書が論じる一九二〇年代の在郷軍人会の巡礼事業は、第一次世界大戦終結から一〇年余りの出来事であり、史跡化した戦場を一概に想定することができない。第一次世界大戦後のイギリス人の場合について論じた荒木映子も「戦場訪問」「戦場ツアー」という用語を使用しており（荒木 2010）、本書もこれに倣うものである。

3 エンローによる「ジェンダー」の定義は、「「女性性」と「男性性」の社会的構成およびそれらの間の諸関係」である（Enloe 1983: 212）。

4 第一次世界大戦中にドイツ占領下のベルギーで活動したイギリス人看護婦イーディス・キャベルは、連合軍兵士の逃亡を幇助した罪でサン・ジル監獄に一〇週間にわたって拘禁された後、一九一五年一〇月にドイツ軍によって処刑された。キャベルの死はドイツへの復讐心を煽り、アメリカの戦争参加を促す連合国側のプロパガンダとして戦時中に盛んに利用された（林田 2013: 50-68）。

5 アメリカ在郷軍人会の組織率のピークは一九四一年のことであり、約一〇〇万人の会員数を記録した。これは、当時の第一次世界大戦退役軍人の総数の二五パーセントに相当する（Pencak 1989: 82-3）。その後も第二次世界大戦からイラク戦争に至るまでの新たな退役軍人を会員に加えることによって組織勢力を維持しており、二〇〇六年現在（会員数約二六〇万人）においてもアメリカ最大の退役軍人組織である（Beede 2009: 58）。

6　調査の過程で、全国本部役員と州支部会員の間で交わされた書簡（戦場巡礼事業のあり方に関するもの）も収集することができた。だが、保存されている書簡は（参加者の不満が最も少なかった）一九二七年巡礼に関するものに限定されており、これらの書簡から会員による異議申し立てのあり方を確認することは困難であった。在郷軍人会機関誌はあくまで全国本部の発行物であり、投稿掲載の決定権は常に全国本部側にある。すなわち、本部役員にとって都合の悪い「声」は抹消されている可能性があることを念頭に置いておく必要がある。

7　モッセの研究については、佐藤成基の論考（2012）も参照されたい。

8　第一次世界大戦期におけるフランスの看護婦の事例を論じたM・ダロウは、モッセの議論を参照しながら、以下のように指摘している。「女性が戦争体験を主張する最も簡単な方法は、対立的な女らしい戦争を定義することではなく、祖国に献身する男らしい戦争神話（masculine war myth）を抱きしめ、その神話を女性のために主張することであった」（Darrow 2000: 153）。

9　いわゆる「巡礼ツーリズム」について論じた近年の国内の研究としては、サンティアゴ巡礼など西欧の事例から論じた岡本（2012）や、国内外の「聖地巡礼ツーリズム」を論じた星野・山中・岡本編（2012）などがある。また、戦争がもたらした被害を伝えるという立場から、戦争体験者自身がツーリズムに組み込まれた施設運営に進出していく過程を論じた研究としては高井（2011）を参照されたい。

10　凡例に記したように、本書では「看護師」の名称は用いず、「看護婦」で統一する。これは、戦間期在郷軍人会における会員としてのnurseが、女性に限定されていたためである。

第1章　「戦争体験」のジェンダー化された序列

1　フランス再訪エッセイコンテスト

本章では、本書全体を貫く理論的枠組みである「「戦争体験」のジェンダー化された序列」のあり方を示す。前章において述べたように、先行する「軍事化とジェンダー」論も男性の「戦闘の経験」を最高位に据える「軍事化された男性性のヒエラルキー」を問題化しているが、本書では、それをより多層的かつより動態的に捉えたい。

まずは、より多層的な枠組みのあり方から考えていきたい。軍事化されたヒエラルキーのなかでは「軍服を着るだけでは十分に男らしいとはいえない」のだとエンローは批判的に指摘するが（Enloe 1993=1999: 68）、それは裏を返せば、「軍服を着ただけの男らしさも周縁においては十分に成立し得る」のだということを意味している。事実、次章以降で検討する戦間期アメリカ在郷軍人会の戦場巡礼事業においては、「軍服を着ただけ」の男たち——つまり、軍隊に入隊し国内基地で軍事訓練を受けただけで戦争が終わってしまった男性退役軍人たち——が次第に重要な役割を果たすようになっていくのである。

議論の手がかりとして、ここでは、一九二七年四月号の在郷軍人会機関誌に掲載された「フランス再訪エッセイコンテスト（Back to France Essay Contest）」結果発表記事を紹介しておきたい。[1] 同エッセイコンテストは、機関誌読者である在郷軍人会会員を対象として前年から開催されていたものである。コンテストの趣旨は、一九二七年の戦場巡礼事業への参加動機を各会員がエッセイにまとめてその優劣を競う（審査委員は機関誌編集者や新聞記者）というものであり、一等賞を獲得した会員は賞金三五〇ドル（巡礼旅費を全額賄うのに十分な金額）を獲得、二等賞は賞金一五〇ドル（片道旅費を支払うことができる金額）を獲得、三等賞は賞金一〇〇ドルを獲得することができた。優勝すれば自己負担なしで巡礼に参加できるとあって、募集窓口であるインディアナポリスの在郷軍人会全国本部には数多くの会員から戦時中の「思い出」を記したエッセイが寄せられたようである。「戦闘にまつわる恐怖や苦々しい思いは時の経過と共に消えていくのですが、思い出は失われることなく日ごとに魅力を増していくのだということを、コンテストに応募した元軍人たちは今ここにあらためて証明してくれました」と機関誌編集者は記している（Painton 1927: 40）。

ところで、「フランス再訪エッセイコンテスト」という企画名は、このコンテストが戦地への従軍体験を持つ会員だけを対象としたものであるかのような印象を抱かせる。しかし、機関誌上の応募要項を読む限りにおいてそのような限定はされておらず、また、在郷軍人会に入会した元従軍看護婦の応募を妨げるような規定もどこにも記載されていない。そして、コンテスト結果発表記事に掲載された賞金獲得者たち（一位、二位、三位）のエッセイの内容を見比べてみると、「男性の戦闘体験」を頂点に据える「序列」が驚くほどに鮮明に浮かび上がるのである。

コンテストで一位を獲得した男性退役軍人のエッセイの一部を以下に引用する。

私はもう一度、埃まみれになって行軍したい。行軍を地獄にし、また愛しくもした出来事を、もう一度体験したいのです――埃だらけの顔や首から流れ落ちる幾筋もの汗、背嚢の紐は肩にきつく食い込み、腫れ上がって無感覚になってぶらつく手、後ろから鍋をガチャガチャいわせながらついてくる炊事車、休息するために列から離れていく重い足取りのフランス兵たち、泥と血にまみれながら歯を食いしばっているアメリカ兵たちは、イギリスへと後送されるために救急車のなかに詰め込まれ――そして大砲の遠いとどろきが、我々の真正面に見える丘の向こうから絶え間なく聞こえてくるのです。

私はトゥール付近の水浸しの窮屈な塹壕のなかに這い戻り、雨、雨、とにかく雨ばかりを眺めていたい。コンデ・アン・ブリの古城の下に広がる小麦畑に身を伏せて、マルヌ川を隔てた向こう側の塹壕から、ドイツ兵の頭が出たり入ったりする様子をもう一度見張っていたいのです。ドイツ兵が我々を殲滅するために戦場になだれ込んできた七月一四日の夜を、私はもう一度体験したい。その四日後、エドとチャーリーは、ドイツ兵に撃ち殺されたときのままの姿で、塹壕の壁の上に置いたライフルに覆い被さって動かなくなっているところを発見されたのですが、あの小さな塹壕が、まだあの場所にあるのかどうか確認したいのです。(Robert McKinnis in Painton 1927: 40)

機関誌編集者は一位を獲得した男性退役軍人がアメリカ参戦時にまだハイスクールの生徒であったにもか

かわらず志願してフランス戦場に赴いた事実を強調し、エッセイに描かれた若者の戦闘体験を以下のように絶賛している。「あたかも南北戦争に赴いた一四歳の年若き鼓手のように、まだ官給品の安全カミソリの使い方すらほとんど知らない若人であったにもかかわらず、彼らはその若さゆえに戦争体験に大きな興奮を見出したのであり、それは彼らが入隊するより前にとっくに選挙権のある年齢になっていた戦友たちが体験したものよりもずっと大きな興奮であったのです」(Painton 1927: 42)。危険を顧みない青年の戦闘体験を最も価値あるものとして褒め称える「フランス再訪エッセイコンテスト」は、モッセが指摘する「戦争体験の神話化」の過程の典型であるだろう(Mosse 1990=2002: 77-81)。

一方、二位を獲得した男性退役軍人のエッセイは、一貫して「男性の戦闘体験」を描いた一位のものよりも内容が複雑である。二位入賞者もまた、戦時中に彼が赴いた戦場を再訪したいと願うのだが、「一九一八年に見たような有刺鉄線や砲撃による穴の数々を見たいわけではなく、詩や歌によって有名になったポピーの花や、ホップ畑や、農民が働く姿を見て、九年前には悲しみしかなかった場所を旅したいと思っています」と記している。二位入賞者のエッセイに血なまぐさい戦闘体験の描写は登場せず、したがって彼が最前線に赴いた戦闘体験者であるのかそれとも前線付近の非戦闘体験者であるのかその別も明らかにされない。その代わりに彼のエッセイの大半を占めているのが、後方の村でのフランス人との交流を懐かしく思い起こす以下のような文章である。

私は、戦線に赴く前の週に宿営していたムーズ県の小さな村を再訪し、年老いたフランス人の「お母さん」と再会したいと思っています。彼女は私が眠れるようにぼろぼろのマットレスを手渡してくれましたし、私が村から進軍する夜には、水筒には水ではなくワインを詰めていきなさいと言って譲りませんでした。彼女がいつものキスで私を迎えてくれたなら、そしてムッシュが彼の顎髭で私の頬をズリズリと擦ってくれたなら――ロダンの不朽の名作「接吻」よりもずっと喜ばしいキスになるはずです。

それから、あの時まだ一五歳だったイヴォンヌ。彼女は私のことを憶えているでしょうか？ 私は苦労して手に入れたわずかなチョコレートを彼女にあげていたのですが、今回はその代わりにチョコレートを一箱丸ごとあげれば、彼女もおそらく思い出してくれることでしょう。（Faustus P. Hardesty in Painton 1927: 41）。

つまり、二位のエッセイは「男性の従軍体験」について主に記したものである。機関誌編集者は、二位入賞者が除隊後に結核を発症して現在は六年以上にわたる闘病生活を送っているという事情を語り、このエッセイを読んだ者は皆、彼がなんとかして旅に出かけられればよいと願うだろうと同情的に評している（Painton 1927: 41）。

そして、「「戦争体験」のジェンダー化された序列」においておそらく最も重要になるのが、三位に入賞した男性退役軍人のエッセイである。以下にその一部を引用する。

「私がフランスに行きたい理由……〔三点リーダは原文〕」あれからもう長い年月が過ぎ去ったのに、あのときの切望感と絶望感は依然として残されています。なぜなら私は、陸軍に所属していたにもかかわらず、海を渡ることができなかった大勢の兵士たちのなかの一人だからです。

> 「長い、長い道」〔第一次世界大戦期の流行歌〕の曲に合わせて、私たちはうんざりするような行進を何マイルもつづけていたのですが、しかし私たちの道は、海にもフランスにもつながってはいなかったのです。私たちは鋭い銃剣を使い、砂袋でできたドイツ兵を大勢刺し殺しました。私たちは進軍し、攻撃し、無人地帯――つまり、古き良きアメリカ――の丘にある多くの塹壕を急襲しました。ブローニング銃の発砲の感触を、私は手に心地よく感じていました。多くの標的に銃を向け、フランスに行けるその日を夢見ながら計画を立てていたのですが、夢で本当の戦闘を体験できるわけではありません――私たちは大西洋のこちら側ですべての戦争をくぐり抜けたのです。(Harry C. Westover in Painton 1927: 42)

三位のエッセイに対する、在郷軍人会の機関誌編集者の評は以下のようなものである。「戦場を訪れるために、彼〔三位入賞者〕が在郷軍人会の一員として今年旅に出かけたいと願うのは当然のことです。あのとき戦争が終わっていなければ、彼とて一〇年前に戦っていたはずなのですから」(Painton 1927: 41, 強調は引用者)。エッセイコンテストの賞金獲得者は全員男性退役軍人であり、戦地への従軍体験を持つ元従軍看護婦の存在は触れられることすらないままに終わっている。

つまり、「フランス再訪エッセイコンテスト」が示すのは、以下のような厳然たる事実である。戦場巡礼事業において最も価値がある「戦争体験」とは、最前線で敵兵と対峙した「A男性の戦闘体験」である。戦場後方の村で現地人と交流した「B男性の従軍体験」がその次に価値あるものとなる。「砂袋でできたドイツ兵」を相手に国内基地で軍事訓練に励んだ「C男性の入隊体験」はAとBのいずれにも劣るが、戦場後方の兵站病院で傷病兵を看護した「D女性の従軍体験」よりは価値が高い。なぜなら、「あのとき戦争が終わっていなければ、彼と一〇年前に戦っていたはずなのですから」。
　ここに、本書が「「戦争体験」のジェンダー化された序列」と呼ぶものが姿を現した（図1-1参照）。先述したように、在郷軍人会の戦場巡礼事業は、一九二〇年代に三回（二一年、二二年、二七年）にわたって実施されている（各戦場巡礼事業の概要は序章表1参照）。議論を先取りすれば、初回の二一年巡礼（戦闘体験を持つ「男たち」のための巡礼であることを謳った事業）から、第二回目の二二年巡礼（女性会員の参加も認められていたものの、公の場では男性会員が先頭に立つ）を経て、第三回目の二七年巡礼（広く「一般会員」のための事業であるとされながらも、「在郷軍人会公認戦場・墓地ツアー」の行き先は男性兵士の戦場のみに限られる）に至るまで、常に一貫して見られるのがこの「「戦争体験」のジェンダー化された序列」なのである。

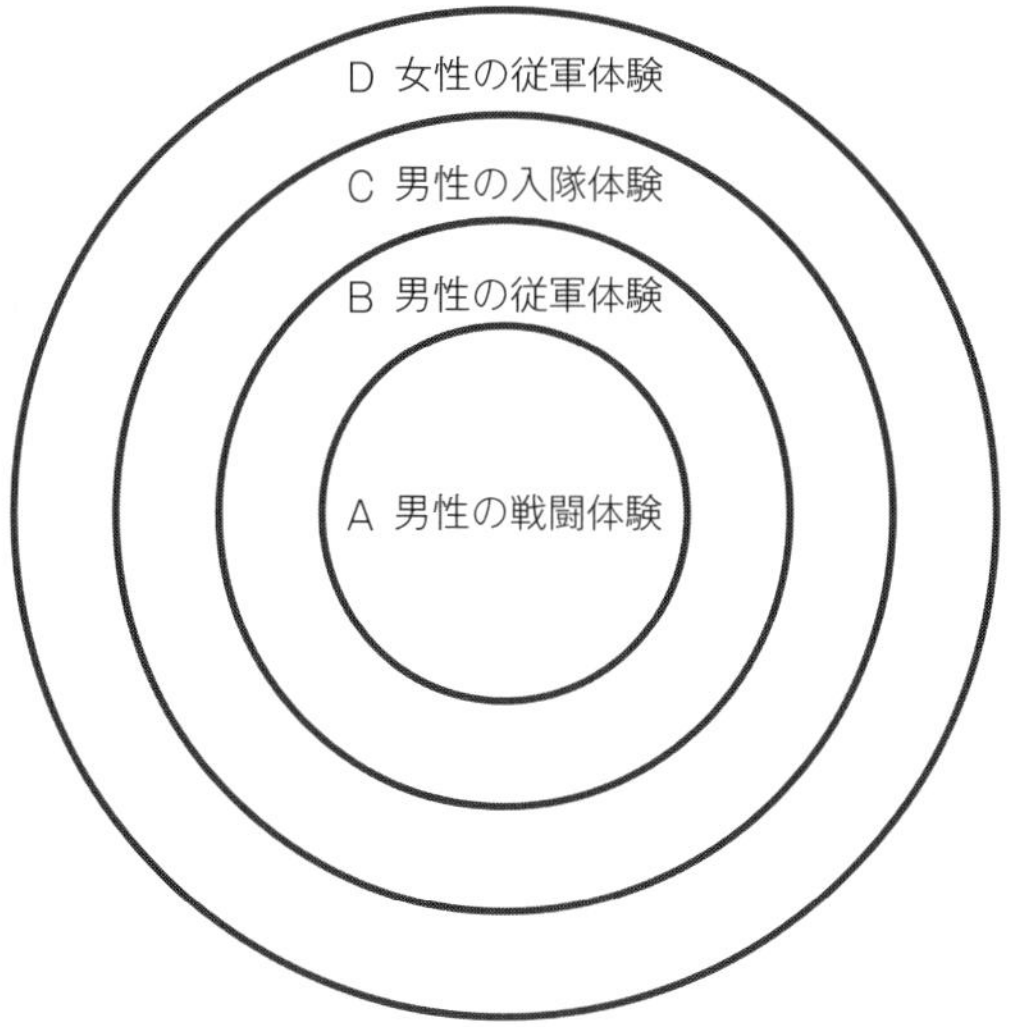

図1-1　「戦争体験」のジェンダー化された序列
出所：筆者作成。

　無論、在郷軍人会の組織構造そのものは、「戦争体験」の序列に沿って構築されていない。そもそも、在郷軍人会の組織規約が会員間差別を禁じているのである（第2章第3節参照）。しかしながら、苛酷な戦闘体験を持つ男性退役軍人を最優秀賞とした「フランス再訪エッセイコンテスト」が示しているように、西部戦線巡礼という「神聖なる」組織事業を実施するためには、「戦争体験」の序列をある程度明確化しなければならないことも事実なのである。図1‐1の序列は、在郷軍人会における戦場巡礼の理念型である。

モッセは第一次世界大戦について論じた自著のなかで以下のように論じる。「陶酔のごとき八月の日々は、男性にも女性にも等しく共有されたが、とどのつまり、戦争は男らしさへの誘いであった。女性はほとんど本書に登場しない。……男らしさを求めることが、本書の議論全体で重要な役割を果たす」（Mosse 1990=2002: 68-9, 引用文のルビは省略）。

他方、筆者が本書において「戦争体験」にカギ括弧を付すのは、モッセの議論においては「男らしさへの誘い（invitation to manliness）」として一元化されている「戦争」および「戦争体験」を、ジェンダー視角から常に批判的に相対化するためである。「「戦争体験」のジェンダー化された序列」という視座に基づけば、男性退役軍人の「戦争体験」（あるいは、「男らしさ」）すら一元的には語り得ないし、元従軍看護婦の「戦争体験」はなおのことなのである。

2　歴史的背景 ――南北戦争・米西戦争

「フランス再訪エッセイコンテスト」が示すのは、在郷軍人会の組織事業においては「戦地で看護活動を行う女らしさ」（「D女性の従軍体験」）は「軍服を着ただけの男らしさ」（「C男性の入隊体験」）以上に周縁化されているという事実である。本節では、この「女らしさ」の周縁化の歴史的な背景を視野に入れておきたい。

W・ペンカックの研究によれば、第一次世界大戦後（一九一九年）に設立された在郷軍人会は組織の運営手法の多くを南北戦争後に設立された北軍退役軍人組織である「共和国軍人協会（Grand Army of the Republic, 一八六六年創設）」に学んでおり、在郷軍人会の創設者たちは組織創設時に共和国軍人協会会員に助言を求めていたという（Pencak 1989: 30）。大森一輝は共和国軍人協会の特徴として、「地域ごとの分会が集まって州支部を構成し、その上に全国本部があるというピラミッド型の構成」や、「愛国者であれば人種の差など関係ないはずであった」にもかかわらず「実際には、暗黙の了解として、分会は人種別に組織され」ていた点を挙げているが（大森 2011: 54）、これらの組織的特徴は在郷軍人会においても確認されるものである（詳細は第2章参照）。

他方、あくまで北軍退役軍人専用の組織であった共和国軍人協会とは違って、世界大戦退役軍人を構成員とする在郷軍人会は不偏不党の全米組織であり、「この点において、在郷軍人会は、南北戦争退役軍人よりも、米西戦争退役軍人に負うところが大きい」とペンカックは指摘している。米西戦争退役軍人組織としては「対外戦争退役軍人会（Veterans of Foreign Wars, 一八九九年創設）」がよく知られているが、これは南部・北部の別を問わない全米規模の退役軍人組織であり、その運営手法を在郷軍人会も参考にしたものと考えられる。ただし、ペンカックは指摘していないが、本書のジェンダー視角から言えば、先行組織（南北戦争退役軍人組織・米西戦争退役軍人組織）と在郷軍人会の最も大きな違いは、後者が組織創設当初から軍務経験のある女性（元陸海軍看護婦）を正式な構成員として認め入れていたという点であろう。無論、これには軍隊内における看護婦の位置づけの変化が大きな影響を及ぼしている。亀山美知子が指摘しているように、南北戦争では「あくまでも女性たちが志願して看護活動を行なっただけのこと」であり、軍隊の構成員として看護婦が明確に位置づけられたのは「米西戦争時であった」（亀山 1984: 33）。しかし、米西戦争後に設立された対外戦争退役軍人会が軍務経験のある女性を会員として認めたのは一九二一年のことであり（Ortiz 2009: 413）、一九一九年創設の在郷軍人会にむしろ遅れをとっている。共和国軍人協会が女性に正式な会員資格を与えることはもとよりなく、例外的に入会を許された唯一の女性はサラ・エドモンズ（男装の女性兵士、南北戦争中は「フランクリン・トンプソン」という男性名で北軍に従軍）のみであったと言われている（Fladeland 1971: 561-2）。

この意味において、在郷軍人会は、先行する南北戦争・米西戦争退役軍人組織の流れを汲むのみならず、元従軍看護婦の入会を他に先駆けて正式に認める「革新的な」退役軍人組織であったのである。第一波フェミニズムおよび女性参政権運動がこの在郷軍人会の「革新性」に少なからず影響を与えたことは確かである。たとえば、後述する「ヘレン・フェアチャイルド基地」（フィラデルフィアに設置された元従軍看護婦専用の在郷軍人会基地）の設立にあたって重要な役割を果たしたマーガレット・ダンロップ（戦時中には第一〇兵站病院看護婦長としてフランスに従軍）は、戦前には女性参政権運動を推進する立場に立つアメリカ看護婦協会の年次大会役員を務めていた女性であった（*The American Journal of Nursing*, June 1913）。女性参政権を実現させた憲法修正第一九条（一九二〇年批准）の影響は、在郷軍人会機関誌の表紙イラストにも、やや皮肉るような形で大きく描き出されている。一九二四年一〇月三一日付けの在郷軍人会機関誌では、大きな鏡の前で片手を差し出してポーズをとり、原稿を手に演説の練習をしているドレス姿の女性（女性参政権運動家と思われる）と、その傍らで俯きながら無言で自分の上着のボタン付けをしているＹシャツを着てネクタイを締めた男性（彼女の夫と思われる）という、対照的な二人のイラストが表紙を飾っている（*ALW*, October 31, 1924）

とはいえ、前節で挙げた「フランス再訪エッセイコンテスト」の結果が示すように、在郷軍人会における元従軍看護婦の「戦争体験」は実際には決して高い評価を受けていたわけではなく、むしろ周縁化・不可視化されてしまっている。この点については、貴堂嘉之の研究が重要になる。アメリカにおいては、南北戦争期における「兵士の戦争体験の神話化が、その後の戦争を通じた国民化の回路のプロトタイプを作り出した」と貴堂は指摘する。「南北戦争は、第一次大戦から遡ること、約半世紀前の戦争であり、大規模な対外戦争でもない」が、「人的・経済的資源の総力を挙げて南北が戦った総力戦であるこの内戦は、アメリカ合衆国のナショナリズムのなかに軍人的資質、男らしさ、勇敢さ、名誉などの要素を市民宗教として織り込ませる役割を果たし」たためである。すなわち、南北戦争期における新聞メディアは「国家への揺ぎない忠誠心を持つ勇敢な男性兵士というリスペクタブルな市民規格」を生み出し、「男性兵士を階級縦断的なジェンダー・モデルとする文化的素地」が結果として作り出されることとなったのである（貴堂 2006）。

このように考えれば、「フランス再訪エッセイコンテスト」で一位を獲得した男性退役軍人の青年時代の戦闘体験が、なぜ「南北戦争に赴いた一四歳の年若き鼓手」になぞらえられねばならなかったのかが明らかになるだろう。彼は南北戦争期に「神話化」された最も価値ある勇敢な「男らしさ」――「A男性の戦闘体験」――を受け継ぐものとして賞賛されたのである。また、たとえ「C男性の入隊体験」しか持たない「軍服を着ただけの男らしさ」であったとしても、「あのとき戦争が終わっていなければ……戦っていたはず」なのであるから、「国家への揺ぎない忠誠心を持つ勇敢な男性兵士というリスペクタブルな市民規格」の周縁に居場所を確保することができる。これに対して、「戦地で看護活動を行う女らしさ」――「D女性の従軍体験」――は「戦争体験の神話化」の歴史的過程においては「規格外」であるため、最周縁で不可視化されるしかない。「D女性の従軍体験」が「C男性の入隊体験」以上に周縁化された背景には、南北戦争期から連続する「戦争体験の神話化」の影響力が認められる。

3 「第一の戦場」と「第二の戦場」

「「戦争体験」のジェンダー化された序列」における「D女性の従軍体験」の意味は、最も周縁化され最も不可視化されているというだけに留まるものではない。この点を捉えるにあたって有効なのが、荒木映子が提示する「第一の戦場」と「第二の戦場」という視座である。荒木はアメリカ人およびイギリス人の看護婦の手記を検討しながら、第一次世界大戦をめぐって「語るに足る真の戦争体験」とは何かという問題をジェンダー視角から批判的に提起しており、本書のテーマに極めて重要な示唆を与える。荒木が論じるように、男性兵士とは異なり、看護婦が赴いたのは前線近くの救護所や病院といった「第二の戦場」である。そこで彼女たちが目撃したのは、「強力な軍隊が通り過ぎた後に、醜悪なものが大量にはねあげられる」様相であり、いわば「戦争の引き波」であった。「〔男性兵士たちが戦う〕第一の戦場にならばあったかもしれない英雄的側面はここ〔第二の戦場〕にはなく、あるのは「大混乱」である」。それは具体的には、「頭に入った砲弾の破片のせいで、半身が麻痺し、鼻からは黄色い泡を流し続けている患者がいる。そのベッドの上の壁には、勲章が空しく飾られている」というような陰惨な状況である。「戦争の栄光と悲哀を綴る戦争詩人」（すなわち、モッセが論じる「戦争体験の神話」の創出者）とは異なり、看護婦が綴る「第二の戦場」の手記では「男性性の高揚した側面は霧散し、正視に耐えない醜悪さがあるのみである」（荒木 2013: 6-8, 13, 17）。

さらに、荒木は以下のようにも指摘する。「直接戦闘に従事した男性の経験こそが、語るに足る真の戦争体験であるという認識が従来支配的であった。男は戦いで死ぬが、女はそうではない。しかし、「第二の戦場」も、生と死の境界での戦いが行われる場であり、医者や看護婦や看護兵も戦闘員と同じように、戦争のトラウマを経験していることが取り上げられるようになってきた」。たとえば、激しい塹壕戦を経験した男性兵士に特有の症状と思われてきた「シェル・ショック」は、現実には「戦闘員と非戦闘員、男と女の区別なく起こり得た」ものであることが近年の研究で明らかにされてきた。大量の「人間の残骸」を目の当たりにした看護婦の手記のなかにも「無感覚、精神的麻痺」といったトラウマの症状が書き込まれており、彼女たちはやがて「ショッキングな病院のあり様をショッキングな書き方で表現」するために言語の戦いに取り組むようになる。「男のものとしてジェンダー化された「シェル・ショック」」は、詩人や小説家、そして研究者によって戦中・戦後に流布された支配的な「表象」のあり方に過ぎないのである。この意味において、看護婦の手記は、「「記憶過剰」となった兵士の犠牲や功績を讃える戦争記念碑に対して、対抗記念碑（counter monument）としての意味を持っている」と荒木は結論づける（荒木 2013: 13-8）。

ここで「「戦争体験」のジェンダー化された序列」に考えを戻すと、序列の最周縁が持つ見逃すことのできない重要な意味が新たに浮かび上がってくる。

「第二の戦場」（病院）への従軍体験を持つ看護婦がそこでの悲惨な現実を率直に語れば、「第一の戦場」（塹壕）における「男性性の高揚した側面」（つまり、「「戦争体験」のジェンダー化された序列」の核心である「A男性の戦闘体験」の価値高揚）は「霧散」することになる。すなわち、「D女性の従軍体験」は序列のなかで、最も周縁化されている体験であると同時に、序列の維持にとって最も危険な体験なのであり、そうであるからこそ男性化された戦場巡礼においては不可視化されねばならないのである。

4 アメリカ軍の「地獄絵図」

「A男性の戦闘体験」を頂点に据える「「戦争体験」のジェンダー化された序列」と、その序列の維持にとって最も危険な「D女性の従軍体験」という視点は、同序列の理論的枠組みとしての普遍性を示すものである。他方、図1-1はあくまで第一次世界大戦後のアメリカ在郷軍人会の事例から浮かび上がるものであり、そこにはこの事例特有の事情が存在していることも確認しておく必要があるだろう。

まず、アメリカの戦時ポスターについて論じた北原恵がすでに指摘しているように、「第一次世界大戦は、初めての世界規模の戦争であり……泥沼の塹壕戦に入った戦争は人々の当初の予想を越えて長期化した」が、アメリカは「一九ヶ月間だけしか戦争に参加しなかった」という事実――つまり、アメリカの参戦期間が相対的に短期間であったこと――が挙げられる（北原 2008: 107, 113）。

また、社会学者A・キャンベルは、第一次世界大戦期のアメリカ軍における死傷率の低さを指摘している。ヨーロッパ諸国について言えば、四年半にわたる長期戦のなかで、ドイツは六〇〇万人、イギリスは三〇〇万人、フランスは五五〇万人、イタリアは一五〇万人もの死傷者を出している。特にイギリス軍、フランス軍、ドイツ軍の死傷率は高く、いずれもおよそ五〇パーセント近くにまで達していた。一方、アメリカ軍（総数約四〇〇万人）が出した死傷者の総数は三五万人未満であり、死傷率は約七パーセントであった。

さらに、キャンベルは以下のように論じる。動員された軍人の約半数（二〇〇万人）が渡欧せずに銃後に留まった第一次世界大戦期のアメリカ軍においては、「敵軍との交戦によって死んだ軍人たちよりも、インフルエンザによって死んだ軍人たちの方が多かったのだ」と（Campbell 1997: 76-7）。

参戦期間の相対的な短さ、死傷率の低さ、そして銃後に留まった軍人の多さ。これらの諸要因が、第一次世界大戦後のアメリカ在郷軍人会における「『戦争体験』のジェンダー化された序列」に特殊性を付与していることは疑いの余地がない。つまり、「軍服を着ただけの男らしさ」（「C 男性の入隊体験」）が置かれた位置づけがこれほどまでに鮮明に浮かび上がる背景には、渡欧・従軍体験のない男性退役軍人の数が膨大な数に上ったという第一次世界大戦期アメリカ軍の事情が存在している。

ただし、このことは、第一次世界大戦期におけるアメリカ軍の兵士および従軍看護婦が、世界大戦の苛酷な現実を何ら経験していないということを意味するものではない。S・トラウトは、以下のように論じている。

> 実際のところ、大戦最後の年の夏から秋にかけて、アメリカ兵は急激な速さで死亡しており、この急激さはアメリカ軍事史上ほとんど例のないものであった。ムーズ・アルゴンヌの戦いの真っ直中にあって、アメリカ軍は一日につき約一〇〇〇人の戦闘死亡者を出すこととなり、戦闘の激化とインフルエンザの流行によってアメリカ陸軍衛生部の能力は一一月七日に至るまでの間に限界に達し、ピーク時にはおよそ二〇万人の患者が兵站病院のベッドを埋めつくすことになったのだった。（Trout 2010: 33, 強調は引用者）

つまり、アメリカ軍の参戦期間の相対的な短さは、戦争の苛酷さを減じるものではなく、逆に、極めて短期間（一九一八年の夏から秋にかけて）のうちに「アメリカ軍事史上ほとんど例のない」速度で大量の死者を生じさせる悲劇を招いたのである。また、インフルエンザについて言えば、その流行によって大量の病死者を出した現場の一つが、アメリカとヨーロッパをつなぐ場所――大西洋を横断する兵員輸送船内――であったという特殊事情を見逃すことはできない。特に、アメリカの海軍当局によって「真の地獄絵図（a true inferno）」と評されたのが、一九一八年九月末から一〇月にかけてフランスへ向けて大西洋を航行中であった兵員輸送船リヴァイアサン号――戦後はユナイテッド・ステーツ・ラインの客船に転用され、一九二七年には「在郷軍人会公認船」の一つとして戦場巡礼者が利用した船――で発生した、患者数二〇〇〇人以上（死者数百名）にもなるインフルエンザの集団感染であった。当時の報告書によれば、船内では兵士たちが所構わず嘔吐を繰り返していた上、「多くの患者が大量の鼻血を出し、それが血の池のようになって船室の至る所にまき散らされ、看護人は汚物を避けて通る気力すらない」という惨状であったという（Byerly 2005: 103）。

アメリカ在郷軍人会における「「戦争体験」のジェンダー化された序列」の特殊性とは、戦争の苛酷さの相対的な欠如によって特徴づけられるものではない。そうではなく、むしろ、前記のようなアメリカ軍特有の「地獄絵図」を取捨選択して崇拝対象とする過程にこそ、その特殊性が見出されるのである。本節冒頭に挙げた「フランス再訪エッセイコンテスト」優勝者の作品が、塹壕での戦友の「戦闘死」については雄弁に語る一方で、インフルエンザの脅威については一言も触れていないのは象徴的である――吐瀉物と鼻血にまみれた戦友の「病死」は、「戦争体験の神話化」にとって明らかに不都合な要素なのだ。

5 序列の厳格化と曖昧化――「神話化」と「平凡化」の再定義

「フランス再訪エッセイコンテスト」は「男性の戦闘体験」を最も価値あるものとして賞賛し、「女性の従軍体験」を周縁化・不可視化する。ただし、筆者が調査した限りにおいて、「「戦争体験」のジェンダー化された序列」はその周縁に対して常に抑圧的であるわけではない。以下では、より動態的な理論的枠組みのあり方について考えていきたい。

ここで再度、本書冒頭に挙げた「在郷軍人会公認船」の船上ディナー（「シャトー・ティエリのコンソメスープ」および「ヨーク〔軍曹〕風ちりめんキャベツ」）を取り上げてみたい。「男性の戦闘体験」を最高位に据えた「フランス再訪エッセイコンテスト」と同様に、船上ディナー・メニューもまた「男性の戦闘体験」を最も価値あるものと位置づけている。だが、両者の「戦争体験」へのアプローチの仕方は異なっている。「戦争体験の神話化」の典型であるエッセイコンテストが「男性の戦闘体験」の尊さを褒め称えるのに対して、「戦争の平凡化」の典型である「シャトー・ティエリのコンソメスープ」は、むしろ価値ある「男性の戦闘体験」をありふれたものに変えて安心して口にできるようなものにするところにその特徴がある。

方法は違えど、「フランス再訪エッセイコンテスト」も「シャトー・ティエリのコンソメスープ」も共に「男性の戦闘体験」を最も価値あるものと位置づける。そして、双方ともに悲惨な「戦争の現実」を「受け容れやすくする」効果を持つ。ゆえに「神話化」も「平凡化」も「「戦争体験」のジェンダー化された序列」の維持・発展に寄与すると言える。しかし、エッセイコンテストがＡＢＣＤの間に横たわる境界線（序列）を際立たせて厳格化するのとは対照的に、船上ディナーでは「「戦争体験」のジェンダー化された序列」の核心（「Ａ男性の戦闘体験」）が日常的でありふれた「スープ」や「キャベツ」に変えられてしまう――つまり、序列全体が一時的に曖昧化するのである。

「戦争体験の神話化」とは序列の厳格化であり、「戦争の平凡化」とは序列の曖昧化である。モッセの議論に「「戦争体験」のジェンダー化された序列」という新たな理論的枠組みを導入すれば、そのように再定義することができる。このように考えることによって、「「戦争体験」のジェンダー化された序列」は周縁を常に抑圧する静態的な枠組みとしてではなく、時として周縁を受け容れるように働く動態的な枠組みとして機能することになる。

ここで重要なのは、「序列の曖昧化」は「序列の無化」では決してないという点であろう。ディナーを終えて会場を出てしまえば、序列が曖昧化された時間はそこで終了し、「「戦争体験」のジェンダー化された序列」は何事もなかったかのように存続する。この意味において、「シャトー・ティエリのコンソメスープ」（「戦争の平凡化」）は「神聖なる」戦場巡礼（「戦争体験の神話化」）を脅かさず、むしろ両者は相補的な関係にあると言える。換言すれば、境界線の弛緩（「戦争の平凡化」）と序列の厳格化（「戦争体験の神話化」）が両立したとき、「神聖なるもの」と「平凡なるもの」の相補的関係が成り立つのである。

Ｃ・エンローは意思決定者が「ジェンダー化された軍事化政策」によって所与の集団を分断支配する巧妙な過程を「策略（maneuvers）」（以下〈策略〉と表記）と呼んだ。またエンローは、人々は意思決定者の〈策略〉によって一方的に操られているわけではなく、自身もそれぞれの立場に基づいて「戦略」を立て、利益を得ることもあるのだと指摘した（Enloe 2000=2006: 183, 228）。

本書では、「「戦争体験」のジェンダー化された序列」の境界線を一時的あるいは部分的に曖昧化することによって序列そのものを維持する巧妙な過程を、「〈策略〉としての「戦争の平凡化」の過程」と呼ぶこととしたい。本書においては、在郷軍人会上層部（全国本部役員）とその支援者（船会社や土産物業者など）が「戦争の平凡化」を推進する上で用いる手法が〈策略〉であり、その〈策略〉の影響を受けながら「戦略」を立てるのが一般の在郷軍人会会員（州支部会員、あるいは看護婦）であると定義することができる（なお、在郷軍人会の組織構造については第2章第3節にて後述する）。

「シャトー・ティエリのコンソメスープ」は「〈策略〉としての「戦争の平凡化」の過程」の一つの形であり、飲み干してしまえばすぐに目の前から消えるという意味では刹那的な〈策略〉である。他方、より影響力と持続力が強い「〈策略〉としての「戦争の平凡化」の過程」も筆者が調査した限り存在する。場合によっては〈策略〉の範囲を逸脱し――つまり、「在郷軍人会公認」の範囲を超えて――戦場巡礼における「神聖なるもの」を重大な危険に晒すような過程も確かに存在しているのである。

次節では、関係する先行研究の成果も参考にしながら、本書で重要になる四つの「〈策略〉としての「戦争の平凡化」の過程」を順に紹介していきたい。

6　〈策略〉としての「戦争の平凡化」の過程

(1) 切り詰められた「第二の戦場」

先述したように、「第一の戦場」と「第二の戦場」という荒木の議論は、元従軍看護婦の語りが「兵士の犠牲や功績を讃える」言説に対抗し得る力を持つことをジェンダー視角から批判的に捉えることを可能にしてくれる。他方、「兵士の犠牲や功績を讃える」側面をジェンダー視角から批判的に分析するということは、換言すれば、「「戦争体験」のジェンダー化された序列」の厳格化（「戦争体験の神話化」）のみを問題にするということであり、ここにおいて序列の曖昧化（「戦争の平凡化」）については完全に等閑視されている。

本書が提示するのは、戦場の悲惨な現実をおそらく最も身近に体験していた人物である看護婦自身が、いかにして戦争の「サイズを切り詰め」た上で「選んで手元に置いておく程度に親しみやすく」し得たのか——そこにはいかなる〈策略〉と「戦略」が存在していたのか——という新たな問いであり、この問いは「兵士の犠牲や功績を讃える」側面をめぐる批判的問いと同様に（あるいは、それ以上に）重要性を持つものとなるはずである。本書において、「切り詰められた「第二の戦場」」（「平凡化」された看護婦の従軍体験）をめぐる〈策略〉を分析する意義は、ここに設定される。[2]

「「戦争体験」のジェンダー化された序列」に基づけば、「切り詰められた「第二の戦場」」は、「D女性の従軍体験」と「B男性の従軍体験」の間に横たわる断絶を、限定された時間と場所のなかで曖昧化し、両者を重ね合わせる〈策略〉である。すなわち、意思決定者（巡礼事業を指揮する在郷軍人会の全国本部役員）は、限定された時間（在郷軍人会の戦場巡礼実施期間）と場所（フランス、特にパリ）において、元従軍看護婦に男性従軍体験者と同等の地位を与えることをほのめかす。他方、元従軍看護婦がこの〈策略〉の影響を受けつつ、自ら「戦略」を展開するためには、「看護体験」という自らの体験の根幹にあったはずの要素を躊躇なく切り捨てる必要がある。つまり、モッセが想定しているような看護服をまとった「慈悲深い天使」という兵站病院内のイメージではなく、むしろ「軍人らしい」外出用制服をまとって行軍する勇ましい女性という兵站病院外のイメージを前面に押し出すのである。

病院内における傷病兵看護の陰惨な現実は、ここでは一切語られず、また表象もされない（ゆえに、崇拝対象としての「A男性の戦闘体験」は中心に据えられたまま、無傷である）。「切り詰められた「第二の戦場」」において強調されるのは、戦地での軍人らしい「外出体験」のみなのである。この体験を強調している限りにおいて、元従軍看護婦は「B男性の従軍体験」と同等の序列を（少なくとも、一時的には）獲得することができる。在郷軍人会全国本部も「A男性の戦闘体験」に危害が及ばない限りにおいて、そして、元従軍看護婦の存在が組織事業にとって有用である限りにおいて、彼女たちが提示する切り詰められた「戦争体験」を（時には消極的に、また時には過大な賞賛をもって）受け容れるだろう。しかしながら、もとより「男らしい」体験序列に合わせるために強引に切り詰めた体験であるため、限定された時間（巡礼実施期間）と場所（パリ）が過ぎ去ってしまえば、「D女性の従軍体験」は再び周縁へと押し戻され、「「戦争体験」のジェンダー化された序列」が何事もなかったかのように回復されるのである。

（2）戦争目的のセクシュアル化

第二次世界大戦期におけるアメリカ軍の戦争報道のあり方を、従軍兵士向け新聞メディアである『星条旗新聞』から考察したM・ロバーツは、報道写真のなかで「救った者」（アメリカ）と「救われた者」（フランス）の関係が、しばしばジェンダー化された形で表現されている事実に着目している。「救った」アメリカは「男らしい騎士」であり、「救われた」フランスは「苦悩する乙女」なのである（Roberts 2013=2015: 80, 82）。その上で、ロバーツは、「戦争目的のセクシュアル化（sexualization of wartime aims）」という概念を以下のように提示する。

> 『星条旗新聞』の写真ジャーナリズムで、もう一つ、よく見られたのは、性的関係をアメリカの戦争目的と結び付けたことだ。たとえば「戦う目的はここにある」というタイトルの記事では、ヨーロッパでのアメリカの目的は女性を幸せにしたいという真摯な動機であることを、写真と文章で伝えていた。……この記事を読んだ兵士は、自由の意味は女性たちの賛美の笑顔にあるのだと教わる。戦争の目的は、フランスの女の子をアメリカ人《ヤンク》に「夢中」にさせることなのだ。戦争目的のセクシュアル化は、アメリカの任務を、合意の上での幸せな結び付きに変えることで、親しみやすいものにした。（Roberts 2013: 62=2015: 84-5, 一部筆者改訳）

ロバーツによれば、「戦争目的のセクシュアル化」はすでにアメリカ人の心に根付いていたフランスに関する性的空想《ファンタジー》——つまり、「フランスはふしだらな女のいる節操のない娯楽場だ」といった認識——を利用しながら進行し、戦争をめぐる「複雑な政治状況から、アメリカ兵を遠ざける」ことに成功したのだという（Roberts 2013: 20, 59=2015: 30, 80，一部筆者改訳）。なお、S・ザイガーによれば、フランス人女性に関する性的偏見は第一次世界大戦期のアメリカ軍関係者にも見られたものであり、さらにその偏見の起源は一九世紀後半にまで遡ることができるという。すなわち、「一九世紀後半までには、アメリカ人の想像のなかで、パリの売春宿、ダンス・ホール、賭場といった場所は伝説的に有名になってしまっており、その評判を広めたのが『夜のパリ（*Paris at Night*）』（一八七五年発行）のようなアングラ・ガイドブックであった。……一九世紀終盤以降ずっと、アメリカ人はフランスを世界の「女遊びの首都（capital of naughtiness）」だと思うようになっていたのである。一九一八年には、ＹＭＣＡの指導者がアメリカ政府の役人に対して以下のように警告することもあったのだが、このような評判が立っていたことに鑑みればそれも頷ける。彼曰く、ドイツの敵軍は恐ろしいが、「パリのフランス人女性はアメリカにとってそれと同じくらいに恐ろしいのです」[3]（Zeiger 2010: 14）。

本書では、「フランスに関する性的空想《ファンタジー》」を利用することによって、アメリカ軍の任務遂行を「親しみやすいもの」にする力を持つ「戦争目的のセクシュアル化」を、「〈策略〉としての「戦争の平凡化」の過程」の一つとして捉えたい。「「戦争体験」のジェンダー化された序列」に基づいて考えた場合、「戦争目的のセクシュアル化」とは、「Ａ男性の戦闘体験」と「Ｂ男性の従軍体験」の間の境界線を曖昧化する〈策略〉である。アメリカ軍兵士は、「西欧文明」を守るためでもなく、また「野蛮な」ドイツ兵を殺すためでもなく、ただ「フランス人女性」を救うために戦地に赴いたと説明される。これはフランスに赴いたアメリカ軍兵士の「男らしさ」に広く訴えかける〈策略〉であり、そこでは戦闘体験者と非戦闘体験者の別は（共に戦地に赴いた男性兵士である限りにおいて）問われない「受け容れやすい戦争」が提示されることになる。

ただし、「救ったアメリカ（男性兵士）」と「救われたフランス（女性）」の不均衡な力関係が露骨かつ煽情的に表象されるとき、「戦争目的のセクシュアル化」は「戦争遂行の正当性そのものが破綻する、受け容れ難い戦争」という意図せざる結果を生むことになる。つまり、「戦争目的のセクシュアル化」は、崇拝されるべき「A男性の戦闘体験」（「特別かつ神聖な体験としての戦争」の核心）に回復不可能な損害をもたらすこととなる。その際には、「戦争体験の神話化」と「戦争の平凡化」の関係は相補的なものにはならず、むしろ破壊的なものとなるであろう。

モッセは、「戦争の平凡化」の過程を特徴づける低俗な「空想物語《ファンタジー》」は「ありきたりの戦争物語」を濫作したに過ぎず、戦場巡礼や戦場墓地によって体現される「戦争体験の神話」にはさしたる影響を与えなかったと想定している（Mosse 1990=2002: 149）。これに対して、本書が指摘したいのは「性的空想《ファンタジー》」――とりわけ、戦争にかかわる「性的空想《ファンタジー》」――は「神聖なるもの」（特別かつ神聖な体験としての戦争）を脅かすことが十分に可能であるという事実である。具体的には、それは、巡礼事業に参加した在郷軍人会会員向けの土産物灰皿――ゲートル姿のアメリカ兵と全裸のフランス人女性の姿を描き入れたもの――を独自に大量生産するパリ在住のアメリカ退役軍人、あるいは、それを望んで購入する一般の在郷軍人会会員といった形で論じられることになるだろう。

「戦争目的のセクシュアル化」を「戦争の平凡化」の過程の一つとして捉え直すことによって明らかになるのは、「神聖なるもの」を破壊しかねない力を持つ「汚らわしい「戦争の平凡化」の過程」の存在なのである。

（３）「擬似郷愁」の装置

「満州」観光を記憶の商品化という視点から論じた高媛は、「ノスタルジックな感情を引き起こすものが、自分自身の体験した過去であるかどうか」という基準に応じて、ノスタルジーを「一次的郷愁」と「二次的郷愁」（あるいは擬似郷愁）に区別する（高 2000: 27）。その上で、一九八〇年代後半以降に登場した、日本人による一般募集型の「満州」ツアーのあり方を、以下のように論じる。

> 「満州」ツアーを企画する旅行社側の担当者は、満州体験のない人がほとんどで、なかに一《ママ》回も中国を訪れたことのない人さえいる。彼らは文学作品や他のメディアを手がかりに、満州体験者の間で流通性の高い満州イメージを選択的に抽出し（例えば悲惨な敗戦体験への感傷は捨象されている）、セピア色の写真をまじえて、日本の歴史と日本人の心情につながりを感じさせるように、「満州」の風景に「国籍」を与える。
>
> 参加者はいうまでもなく満州引揚者が多いが、「未体験郷愁」を覚える人も少数ながら存在する。一般募集ツアーは、今まで満州引揚者同士だけに閉ざされていたノスタルジーを、パンフレットや一般紙の旅行広告などの観光メディアを通して、より広い一般消費者に想像的な共感を催させ、「擬似郷愁」を喚起させるのに成功している。（高 2000: 29）

「一次的郷愁」と「擬似郷愁」という高の視点は、アメリカ在郷軍人会の戦場巡礼事業の検討に重要な示唆を与えてくれる。そもそも、一九二〇年代初頭における在郷軍人会の巡礼事業の参加者は従軍体験のある組織代表者に限定されており、したがってその「一次的郷愁」のあり方は代表者だけに「閉ざされていた」と言える。しかしながら、戦場巡礼事業が一般会員へと開かれていくにしたがって、巡礼事業における「一次的郷愁」は、組織機関誌に掲載される旅行広告などを通じて、より普遍的で流通性が高い形へと変容していかざるを得なくなっていく。さらに、一九二七年の大規模巡礼事業においては、戦時中に動員された約四〇〇万人の軍人のうちの半数を占める「機会を逸した人々（従軍体験のない銃後の男性退役軍人）」をいかにして事業内部に取り込んでいくかという点が、在郷軍人会全国本部にとって喫緊の課題となっていた。本部がこの課題を解決するためには、渡欧・従軍体験を一切持たない在郷軍人会会員に、フランスへの「擬似郷愁」を抱かせるような方策を練らなければならなかったのである。

「戦争体験」のジェンダー化された序列」に基づけば、「「擬似郷愁」の装置」は、「B男性の従軍体験」と「C男性の入隊体験」の間の境界線を曖昧化する〈策略〉である。ここで必要とされているのは、男性退役軍人に広く訴えかける流通性の高い「懐かしさ」（たとえば、フランスにおいて戦時中に用いられた兵員輸送用貨車）であるため、従軍体験のない銃後の退役軍人も「擬似的」に戦争を追体験することが可能になり、この意味において「戦争目的のセクシュアル化」よりも戦争の「受け容れやすさ」は高まる。その反面、「擬似郷愁」の装置は「戦争目的のセクシュアル化」とは異なり、戦争の意義を強調しづらいという特徴を持っている（「フランス人女性を救うために戦争に参加した」は成り立つが、「フランスで貨車に乗るために戦争に参加した」は成立しづらい）。つまり、「擬似郷愁」の装置は「A男性の戦闘体験」（「「戦争体験」のジェンダー化された序列」の核心）に影響を及ぼすことが少なく、また「D女性の従軍体験」（同序列の最周縁）にもほとんど影響を及ぼさない。

本書では「「擬似郷愁」の装置」という視点を導入することによって、数多くの男性退役軍人を戦場巡礼事業に取り込んでいく、在郷軍人会全国本部による巧みな「〈策略〉としての「戦争の平凡化」の過程」を析出したい。

（4）組み替えられた「戦争体験」の序列――憧れの「パリ体験」

第一次世界大戦中、アメリカ陸軍第二七師団に所属する伍長としてフランスへ従軍したジョージ・G・ギリースは、一九一八年の休戦協定締結直後にブルターニュで軍上層部の指示に基づくクリスマス休暇を過ごすことになった。以下は、休暇について彼が語った回想文の引用である。

去年〔一九一八年〕の一二月一八日から二八日まで、私は休暇を与えられました。指示された休暇地、すなわちブルターニュの海岸部にあるサン・マロとその周辺で過ごすようにとのことでしたので、私はそこへ向かいました。当初、私は非常に「不信感」を抱いていました。「支給品」リゾート地への「支給品」旅行、それはきっと「号令バケーション」とでも呼ぶべきものであって、「急げ、楽しめ、さあワンツースリーで笑うのだ」と将校が命じてくるのだろうと思っていたのです。でも、私が完全に間違っていました。到着・記帳を終え、この近辺にたくさんある大きいホテルの一つをあてがわれた後、私たちは縛られることなく、すっかりくつろぐことができたのです。（Gillies 1919: 368）

その後、ギリース伍長の回想には豪華な食事、そしてショーやダンスといった娯楽への満足が綴られる。しかし、彼の休暇旅行は軍上層部の指示通りには終わらない。休暇列車に乗って駐屯地へと戻る途次、ギリース伍長は列車を勝手に「乗り換えて」、パリに向かってしまう。

H・レヴェンシュタインが指摘しているように、パリは「ほとんどの退役軍人にとって戦時中はずっと立ち入り禁止区域だった場所」であったため、たとえ渡欧・従軍経験のある世界大戦退役軍人であっても訪れた経験を持つ者が少ない都市であった（Levenstein 1998: 272）。そして、ギリース伍長にとってはこのパリ訪問こそが、クリスマス休暇のなかで起きた「最も重要だった出来事」だったのである。

そして、最も重要だった出来事――「裏道」を大いに利用し、憲兵の目を逃れることによって、ここまで私たちを閉じ込めてきた帰りの休暇列車から乗り換えて、レンヌからパリへ向かう急行列車に忍び込んだのです。はぐれた者を探すべく「怠慢憲兵」が車両に「がさ入れ」を行っている間、私は「荷物入れ場」に隠れて逃げ切りました――そして翌朝七時、パリに到着したのです。断言しておきますが、たとえ何百万ドルと引き換えであったとしても、私はこの町を見物しないままにしておくわけにはいかなかったのです――それは素晴らしいものでした。昼食のためになけなしの一〇フランを使い果たしてしまった後は、時間をもてあましたことも事実なのですが。（Gillies 1919: 368）

先行研究によれば、休戦協定締結以降、パリは無許可離隊をしたアメリカ兵たちで溢れかえっており、軍上層部は一九一八年一二月にはパリの憲兵を一五〇〇名増員することによってこれを取り締まらざるを得ない状況であったという（Cornebise 1997: 12）。他方、ギリース伍長は憲兵の取り締まりを受けるまでには至らず、一日だけパリ見物を楽しんだ後にすぐに列車に乗ってパリを離れ、大晦日には帰隊している（Gillies 1919: 369）。

「憲兵の目を逃れる」行為である無許可のパリ訪問体験が、「神話化」（すなわち、畏敬と崇拝）の対象としての「戦争体験」に通常なり得ないことは誰の目にも明らかであろう。先述した在郷軍人会の「フランス再訪エッセイコンテスト」入賞三作品について言えば、従軍中のパリ訪問体験について触れたものはなく、またパリへの憧憬について語る言葉も登場しない。ただし、コンテスト入賞作品を掲載した在郷軍人会機関誌（一九二七年四月号）には、「パリ入域許可証（A Pass to Paris）」と題した娯楽小説が併せて掲載されている。同小説は、戦場で目覚ましい功績を挙げ多くの勲章を獲得したもののパリに行くことはできなかったウェブという名の男性退役軍人が、戦闘体験は一切持たないものの盗んだ「パリ入域許可証」を不正利用して一カ月もの間パリ見物に興じることができたボーズという名の男性退役軍人に懇願してパリ訪問体験を聞かせてもらうという内容になっており、憲兵に逮捕されながらも不敵に笑うボーズのイラストがページを飾っている（*ALM*, April 1927）。

すなわち、在郷軍人会機関誌上の娯楽小説のなかでは、「戦争体験」の序列が部分的に組み替えられている。この「組み替えられた「戦争体験」の序列」のなかでは「B男性の従軍体験」の一部としての「AAパリ体験」が、畏敬と崇拝の対象である「A男性の戦闘体験」に優越するものとして描かれているのである（図1-2参照）。

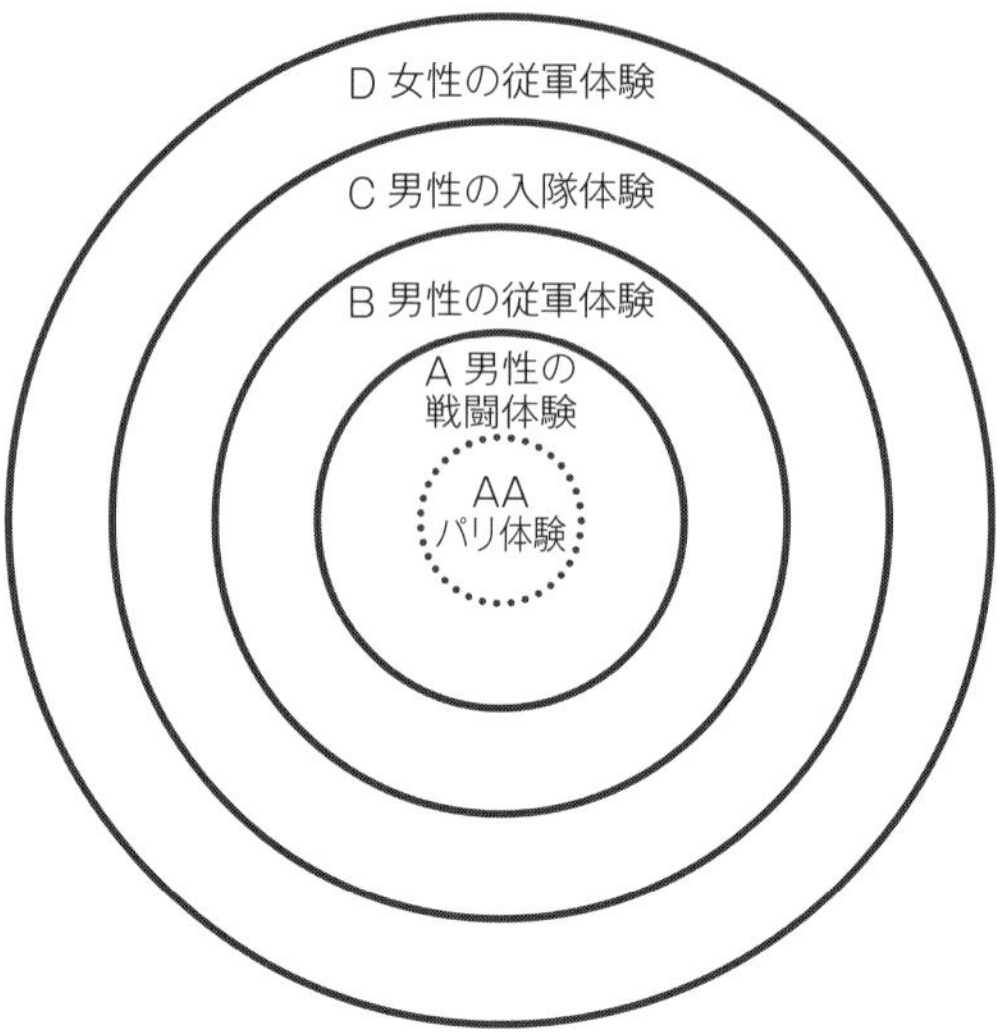

図 1-2　組み替えられた「戦争体験」の序列
出所：筆者作成。

「ＡＡパリ体験」――「軍服を着てパリで過ごした男らしさ」と呼ぶべきもの――を「「戦争体験」のジェンダー化された序列」の中心に新たに浮かび上がらせる〈策略〉、これを本書では「組み替えられた「戦争体験」の序列」と呼ぶ。「ＡＡパリ体験」を破線で示すのは、他の「戦争体験」（ＡＢＣＤ）とは異なり、実際に戦時中に起きた出来事では必ずしもないためである――小説のなかのボーズのように、パリで優雅に一カ月暮らすことができた男性兵士は現実には皆無であろう（先述したギリース伍長の回想文に表れているように、資金を使い果たしてしまえばすぐに「時間をもてあます」ことになる）。逆に言えば、現実離れした憧れの体験[4]であるからこそ、戦闘体験者にとっても非戦闘体験者にとっても「ＡＡパリ体験」は等しく魅力的な体験となり、ここにおいて「Ａ男性の戦闘体験」と「Ｂ男性の従軍体験」の間の境界線は曖昧化する。「Ａ男性の戦闘体験」に優越する体験があたかも存在するかのような錯覚を一時的にもたらすのが、「組み替えられた「戦争体験」の序列」という〈策略〉の効用なのである。

さらに、たとえ「Ｃ男性の入隊体験」しか持たない男性退役軍人であっても、「「擬似郷愁」の装置」の影響によって序列の核心（「AAパリ体験」）に近づくことができる。ここにおいて、「〈策略〉としての「戦争の平凡化」の過程」は二重に機能することになる。加えて、先述した在郷軍人会機関誌上の小説「パリ入域許可証」が示しているように、「AAパリ体験」を体現するのは「軍服を着た男らしさ」（不敵に笑うボーズ）であって、「女らしさ」ではない。「「戦争体験」のジェンダー化された序列」の最周縁に置かれた元従軍看護婦が「AAパリ体験」を追体験するためには、「切り詰められた「第二の戦場」」（「軍人らしい外出体験」）をまずは誇示しておく必要がある。ここにおいてもまた、「〈策略〉としての「戦争の平凡化」の過程」は二重に機能することとなる。

「組み替えられた「戦争体験」の序列」という〈策略〉の巧妙さは、虚実ないまぜにした「AAパリ体験」を「神話化」してしまうことによって――たとえば、「AAパリ体験」を象徴する聖地を戦後に新設してしまうことによって――本来は一時的なものに過ぎないはずの錯覚の効果を半永久的に継続させることが可能になるという点にある。つまり、「組み替えられた「戦争体験」の序列」は「平凡化された戦争体験の神話」とでも呼ぶべきものを新たに創り上げるのである。

以上の四つの「〈策略〉としての「戦争の平凡化」の過程」が示すように、「「戦争体験」のジェンダー化された序列」は周縁に対して常に抑圧的であるわけではない。時に序列は「C男性の入隊体験」や「D女性の従軍体験」を内側へと受け容れるような動きを見せるのであり、そうであるからこそ「戦争体験の神話化」（序列の厳格化）と「戦争の平凡化」（序列の曖昧化）という二つのジェンダー化された力学はその相互作用のなかで捉え直さなければならないのである。

注

1 第5章にて後述するように、実際には在郷軍人会の一九二七年巡礼事業の訪問地には、フランス戦場だけではなく、ベルギー戦場も含まれている。

2 無論、「第三の戦場」「第四の戦場」……というように重なる「複数の戦場」を設定することも可能である。ただし、退役軍人組織を分析対象とする本書では、男性兵士の「第一の戦場」と看護婦の「第二の戦場」の対比に焦点を合わせたい。

3 連邦政府と提携したＹＭＣＡの戦時事業のあり方については、松原宏之の研究（松原 2013）を参照されたい。

4 ギリース伍長のような戦時期の兵士の（現実の）「パリ体験」と、一九二〇年代アメリカ退役軍人にとっての（憧れの）「パリ体験」は、連続関係にありながら、質的には区別されるべきものである。

第2章　アメリカ在郷軍人会の設立過程

1　二つの「アメリカ在郷軍人会」

本章では、在郷軍人会の戦場巡礼事業の変遷を追う上で重要になる、組織創設経緯について概説する。なお、在郷軍人会の組織創設経緯の概略とその後の経緯は、本書巻末（二四七頁）に収録した年表の通りである。また、第一次世界大戦退役軍人の総数が約四〇〇万人であるのに対して、一九二〇年代における在郷軍人会の会員総数は七〇万人前後で推移していたこともあらかじめ確認しておきたい（表2－1参照）。

ほとんど知られていないことであるが、歴史上、アメリカには二つの「アメリカン・リージョン」が存在している。一方の組織は、第一次世界大戦参戦前の一九一五年にニューヨーク市で結成されたアメリカン・リージョンである。これは数年のうちに活動を停止してしまった短命な組織であったが、軍に志願する意志のある人間の情報収集と登録作業を行っていた彼らは、民間の国防運動として知られる「プラッツバーグ・

表 2-1　在郷軍人会の会員数の変遷
（1920 年～1929 年）

年	会員数（人）
1920	843,013
1921	795,799
1922	745,203
1923	643,837
1924	638,501
1925	609,407
1926	688,412
1927	719,852
1928	760,502
1929	794,219

出所：Jones（1946: 344）より筆者作成。

キャンプ運動」[1]の推進に深くかかわっていた。他方の組織は、第一次世界大戦が終結した一九一九年にパリで結成されたアメリカン・リージョンであり、日本で「アメリカ在郷軍人会」と言われるとき、多くの場合この組織を指している。混乱を避けるため、ここでは先行研究に倣って、前者を「初代在郷軍人会」、後者を「戦後在郷軍人会」と一時的に呼ぶこととしたい（Campbell 1997）。

「戦後在郷軍人会」は、一九一九年二月にヨーロッパに出征中であった二〇名の将校（以下「二〇人委員会」と表記）がパリの士官クラブに集まって創設した組織である。組織の公式な創設者は、第一次世界大戦の帰還兵であるセオドア・ローズヴェルト・ジュニア（共和党セオドア・ローズヴェルト大統領の子息）であるとされている。また、ここには、後にフーヴァー政権の財務長官となったO・ミルズや、CIAの創設者となったW・ドノバンらの将校がいた（上杉 1972: 364）。これらの将校たちは、いずれも「初代在郷軍人会」の参加者としても知られている人物である。組織創設の目的や背景については諸説あるが、[2]ここでは創設と同年（一九一九年）に刊行された『アメリカ在郷軍人会物語――在郷軍人会の誕生』（同書は先行研究において、在郷軍人会会員によって執筆された最初のオフィシャル・ヒストリーであると位置づけられている）から、組織創設の由来とされるエピソードを引用しておこう。以下は、パリに設置された兵站病院を視察に訪れた「少佐（将校）」と、戦傷を負ったものの間もなく退院して原隊に復帰できる見込みになっていた「軍曹」による、第一次世界大戦中（一九一八年夏頃）のやりとりである。

「そろそろ復帰できそうかね、軍曹」と将校は尋ねた。

「はい、少佐殿」と彼は答えた。「復帰および任務の完遂を切望しております」

「私もだ」と将校は答えた。「しかしドイツ人が本当に打ち負かされてしまったら、私たちはいったい何をすればよいのだろうな」

「帰国して国のために良いことを行う退役軍人結社をはじめるのです、少佐殿」と軍曹は答えた。

当時少佐であったセオドア・ローズヴェルト中佐がその将校であり、ウィリアム・パターソン軍曹は下士官であった。軍曹はその後の戦闘によって命を落とし、第二兵站病院に収容された。（Wheat 1919: 2-3）

このエピソードは、「戦争体験の神話化」に基づく退役軍人組織の創設過程を、これ以上ないほどに見事に体現しているように見える。「A 男性の戦闘体験」（すなわち、「「戦争体験」のジェンダー化された序列」の中心）を尊いものと見なす態度が、在郷軍人会の組織創設過程において極めて重要な役割を担っていたことは疑いの余地がない。

ただし、前記のエピソードをもって、「男性の戦闘体験」崇拝（「戦争体験の神話化」）のみが「戦後在郷軍人会」の創設を下支えしたと結論づけるのは早計であろう。現実には、第一次世界大戦時に動員されたアメリカの軍人四〇〇万人のうち約半数は戦場に送られておらず、また戦没者数も約一一万六〇〇〇人と同時代のドイツやフランスに比べて[3]圧倒的に少なかった（Campbell 2003: 108）。これは、他国と比較した場合のアメリカの参戦の遅れが大きく影響したものである。さらに、アメリカにとっての参戦目的は「祖国防衛」や熱烈な「祖国愛」ではなく、「なによりもまずみずからの文明の母胎たる「西欧文明」や「西欧民主主義」の擁護にこそあった」（古矢 2002: 302）。

一般的には退役軍人の大規模な組織化には結びつかないと思われるこれらの要素が存在したにもかかわらず、在郷軍人会はアメリカ史上稀に見る強力かつ巨大な結社に成長した。その理由として、社会学者Ａ・キャンベルが注目するのは、二つの在郷軍人会の連続性である。ただし、彼が注目しているのは既述したような二つの組織の参加・創設者名の単純な重なりではない。むしろ、民間人による自発的な国防運動が果たす役割そのものである。キャンベルの調査によれば、「戦後在郷軍人会」の創設者たちの約半数がプラッツバーグ・キャンプ運動のかつての参加者であった。さらに、州軍への入隊経験も含めるならば、彼らのうちの約八割が戦前の何らかの国防運動に参加した経験を持つ人間であった（Campbell 1997: Chap 5）。ヨーロッパ諸国においては国家と軍隊は密接に結びついてきたが、アメリカの場合、軍事力は州兵や民間組織に大きく委ねられていた。国家統治機構の集権化を相対的に欠いたアメリカ社会の特徴が、かえって第一次世界大戦後に巨大市民結社という形での大規模な退役軍人の組織化を招いたとキャンベルは分析している（Campbell 2003:112-3）。

「戦後在郷軍人会」の組織創設エピソードのなかでは、「セオドア・ローズヴェルト中佐」がかつてプラッツバーグ・キャンプ運動の参加者であったことは語られず、また戦死した「パターソン軍曹」の国防運動参加経験の有無も語られることがない。「中佐」と「軍曹」の物語は（プラッツバーグの訓練所や州軍の兵舎ではなく）、あくまで戦地（戦時下パリ）から開始されなくてはならない。そして、パリの兵站病院から物語が開始されるにもかかわらず、「軍曹」を看護する看護婦が発した言葉はどこにも記されていない。

この意味において、前記の組織創設エピソードは、まさにジェンダー化された「戦争体験の神話」である。すなわち、本来多義的であるはずの「戦争の現実」を変容させ、「男性の戦闘体験」を中心とする厳格な序列を構築するための手段であったのである。以下では「戦後在郷軍人会」を「在郷軍人会」と呼んで焦点を合わせていきたい。

2　在郷軍人会の「一〇〇パーセント・アメリカニズム」

本節では、在郷軍人会が組織創設以来、行動規範として掲げてきた「一〇〇パーセント・アメリカニズム」について確認しておきたい。

「アメリカ・ナショナリズム」の代わりに「アメリカニズム」という呼称が用いられる背景として、「アメリカのきわめて特異な諸条件を前提とする例外的な諸要素」が存在するとされる（古矢 2002: 17; Lipset 1996 = 1999）。「アメリカニズム」についてはさしあたり「アメリカ人一般の国民生活を根本的に規定し、結果としてアメリカの国民社会全体を方向づけてきた特異な価値観やものの見方」という定義（古矢 2002: ii-iii）を採用することとし、以下では第一次世界大戦期に興起した「一〇〇パーセント・アメリカニズム」について概説する。

「一〇〇パーセント・アメリカニズム」という概念は第一次世界大戦下で興隆した排外主義、移民集団の祖国ナショナリズムに対する警戒、ドイツ系アメリカ人をはじめとする敵国出身者に対する敵愾心といった文脈から戦時中に作家や弁舌家によって構築されたものであるが、その背後では一九一七年選抜徴兵法の施行が大きく影響していた。中野耕太郎が指摘しているように、第一次世界大戦への参戦によって国家への忠誠心の確保と戦争政策への恭順が重要なファクターとして浮上したアメリカ社会では、アメリカ主流社会との意思疎通に疑問符がついた膨大な数の外国系住民の存在が問題とされたのである[4]（中野 2006: 179-80）。移民集団の二重アイデンティティーに対して「ハイフン付きアメリカニズム」を蔑称として与え、それを否定することによって成立した「一〇〇パーセント・アメリカニズム」は、それが排除・排斥の論理として立ち現れるときであれ、同化・教化の論理として表現されるときであれ、極めて同質的な社会秩序を希求するという点では一致していた。一方で、「一〇〇パーセント・アメリカニズム」には全能の国家を建設しようという欲求はなく、むしろ終審裁判所の役割を担うような限定された国家権力を求めていたのであり、この点で全体主義的ナショナリズムとは異なるものであった（Higham 2004: 207）。

ただし、同質的な秩序の照準や、許容できる国家権力の範囲をめぐっては、「一〇〇パーセント・アメリカニズム」を担う具体的な組織によって認識に相違があった点を見落とすことはできない。C・ネールズは近年の研究のなかで、セオドア・ローズヴェルト・ジュニアを創設者とする在郷軍人会の「アメリカニズム」には、彼の父である共和党セオドア・ローズヴェルト大統領が掲げた「ニュー・ナショナリズム」の影響が色濃く表れていると分析している[5]。ネールズによれば、多くの在郷軍人会会員は「アメリカ市民が成功のチャンスを摑むことを妨げている諸問題を是正するために、国家は社会生活・経済生活に介入する能力を持っているし、また介入すべきである」と信じていたのであり、たとえ戦間期の在郷軍人会が階級の存在を否定し、権力や富のラディカルな再配分の必要性を否定していたとしても、それは当時の革新主義者たちの多くに共通していた態度であった。この意味において、在郷軍人会のナショナリズムは「単純な排外主義」というよりは、むしろ「保守的な革新主義」に近いものであった。同じ「一〇〇パーセント・アメリカニズム」を掲げる結社であったクー・クラックス・クランがすでに衰退していた時期にあっても在郷軍人会の「アメリカニズム」が大きな力を発揮し得たのは、それが単なる「保守反動」以上のものをアメリカ社会に対して提供していたためであるとネールズは把握している（Nehls 2007: 100, 310）。この把握は、第二次世界大戦後に白人男性のミドル・クラス化と高等教育の大衆化をもたらしたＧＩビル（退役軍人援助法）の起草者としての在郷軍人会の役割にも結びつき得るものであると言えよう。[6]

在郷軍人会の「一〇〇パーセント・アメリカニズム」はクー・クラックス・クランのそれと同様に「右翼的な排外主義」であり、「地方的愛国主義団体の古いアメリカ第一主義」であったとの指摘がある（古矢 2002: 38, 254）。在郷軍人会がクラン同様に白人愛国主義者を中心とした結社であったことは疑いないが、アフリカ系、カトリック教徒、ユダヤ系を組織会員に含める立場をとり、多様な集団を包摂する姿勢を示していた在郷軍人会を、少なくともそのように同一視して結論づけるのは尚早であろう（Pencak 1989: 137-8）。ただし、Ｗ・ペンカックも指摘しているように、在郷軍人会における人種的マイノリティの地位のあり方は、基本的に各州支部の判断に委ねられていた（全国本部、州支部、地方基地という、在郷軍人会の組織構造のあり方については次節参照）。特にアフリカ系アメリカ人について言えば、「白人だけの支部」を設立することを希望する南部諸州の支部は、彼らの存在を危険視して組織から公然と締め出していた。一方で、北部諸州では、アフリカ系の退役軍人のみで占められる地方基地が、彼ら自身によって「つつがなく」創設される傾向にあった。このような「人種隔離された基地（segregated post）」は、戦間期における多くの在郷軍人会支部において採用された方法であったという（Pencak 1989: 68-9）。

一九二七年の在郷軍人会の戦場巡礼事業においては、アフリカ系アメリカ人の在郷軍人会会員が、少数ながら巡礼者として参加していたことが明らかにされてきている（Fabre 1991: 60）。本書では資料上の制約から、在郷軍人会における人種的マイノリティと戦場巡礼事業のかかわりについては検討することができない。[7] さしあたり、排除と同化という双面を併せ持つ「保守的な革新主義」団体としての在郷軍人会を念頭に置きつつ、議論を進めていきたい。

3 在郷軍人会の組織構造

（1）全国本部と州支部

「二〇人委員会」（本章第1節参照）発足の翌月、一九一九年三月には、パリにて開催された会議（以下「パリ・コーカス（Paris Caucus）」と表記）において組織名の選定や組織規約の草案作成が成された。「一〇〇パーセント・アメリカニズム」[8] を推進する愛国組織を立ち上げるにあたって、創設者らはアメリカ全土の世界大戦退役軍人にも協力を呼びかけ、その結果、同年五月にアメリカ国内にて全米会議が開催された（以下「セントルイス・コーカス（St. Louis Caucus）」と表記）。この「セントルイス・コーカス」参加者が、州支部（state department）の創設者となった。「パリ・コーカス」参加者と「セントルイス・コーカス」参加者から幹部役員をそれぞれ同数選出した上で、翌六月に発足した合同会議が「三四人合同委員会（joint committee of thirty-four）」であり、この合同委員会が、後にインディアナポリスに設置される全国本部の基礎を築いた（Wheat 1919; James 1923）。

先述したA・キャンベルは、閉鎖的な上流社会の紳士録として知られる『ソーシャル・レジスター』を用いて、在郷軍人会創設者の出身階級を分析した。それによれば、「二〇人委員会」の実に六五パーセントもが『ソーシャル・レジスター』にその名を掲載されている人物であった。T・スコッチポル（Skocpol 2003＝2007）の研究において「エリート的な」結社であると想定されているロータリークラブやライオンズクラブの創設者で『ソーシャル・レジスター』に名前を掲載されている人物は確認されておらず、その差は際立っている。一方で、在郷軍人会の州支部創設者である「セントルイス・コーカス」参加者を検討してみると、『ソーシャル・レジスター』に掲載されている人物は彼らのうちの八パーセントに過ぎず、「二〇人委員会」とは明らかに異なる階級の退役軍人が州支部を組織していたことがわかる。つづいて発足した「三四人合同委員会」について言えば、委員会出席者の約半数が『ソーシャル・レジスター』に掲載されている人物であり、上流階級出身者の占める割合が再び高くなっている（Campbell 2010: 10-3）。在郷軍人会によって一九二〇年代前半に担われた初期の戦場巡礼事業においては、全国本部の基礎を築いたこの「三四人合同委員会」出身者が大きな権限を握っていた。

ただし、在郷軍人会の長である全国司令官（national commander）は任期一年の交代制であり、毎年秋に開催される全国大会において、州支部代表者の投票を介して選出されることとなっていた。キャンベルは、一九一九年から一九四五年にかけての全国司令官の出身階級も分析している。その分析によると、彼らのうちで『ソーシャル・レジスター』に名前を掲載されていたのはわずか二名（そのうちの一名は組織創設年にあたる一九一九年に初代司令官を務めた「三四人合同委員会」出身のF・ドーリエ）のみであり、戦後に投票で選出された在郷軍人会の全国司令官の大半は上流階級出身者ではなかったという（Campbell 2010: 14）。

在郷軍人会創設期において実権を握っていた上流階級出身者が、なぜその後の組織運営において背景に退くことになったのか、この問題について、キャンベルは以下のように指摘している。

なぜ、在郷軍人会創設のために時間と労力を注いできた人々が、指導者の地位を譲り渡すことになったのだろうか。私が考えるにその理由は、実務的なものと、イデオロギー的なものの双方であろう。実務的に言えば、大衆の自発的結社がエスタブリッシュメントによって公然と率いられるようでは、すぐに組織の正当性を失ってしまうだろう。……イデオロギー的に言えば、在郷軍人会の指導者たちは、自分たちの行いに信念を持っていて、そして自分たちの考えは大部分の一般のアメリカ人の間で共有されているものであるとの確信も抱いていた。彼らは自ら組織を率いる必要性を感じておらず、ただ、この組織を軌道に乗せてやればよいだけだと感じていたのである。（Campbell 2010: 14）

一方で、キャンベルのこうした指摘が、在郷軍人会の戦場巡礼事業にもあてはまるか否かは留保を要するだろう。次章で検討するように、一九二一年の戦場巡礼事業は「三四人合同委員会」出身者を中心として運営されていた。「最上の自動車や最上の宿泊施設を独占」し、フランス政府から授与された「数々の勲章やメダル」をも独占した彼らの態度は、キャンベルが想定しているような、大衆に「地位を譲り渡す」組織創設者像とはほど遠いものがある。戦後の在郷軍人会における「エスタブリッシュメントから〔大衆へ〕の組織指導権の移行は迅速なものであった」とキャンベルは見ている（Campbell 2010: 14）。これに対して筆者は、少なくとも戦場巡礼事業の事例から考察する限りにおいて、組織指導権の移行はむしろゆるやかな過程であり、一九二〇年代を通じて段階的に行われていったものであると考えている。[9]

加えて、在郷軍人会を構成する退役軍人の年齢層についても確認しておきたい。一九二九年一二月号の在郷軍人会の機関誌記事によれば、同年における第一次世界大戦アメリカ退役軍人の平均年齢は三六歳であると記されている（*ALM*, December 1929）。つまり、戦間期在郷軍人会を構成する退役軍人の平均像は、一八九〇年代前半生まれであり、アメリカ参戦時（一九一七年）において二〇代半ば、在郷軍人会の最初の巡礼実施時（一九二一年）には二〇代後半、そして在郷軍人会の三回目の巡礼実施時（一九二七年）において三〇代半ばであったことが確認できる。ただし、メイン州の資料を調査したS・ザイガーの先行研究によれば、アメリカ遠征軍の一員として海外に従軍した陸軍看護婦の平均年齢は入隊時において三一歳であり、従軍看護婦は男性軍人よりも年齢層が比較的高かったことが窺える（Zeiger 2004: 35）。事実、後述する陸軍看護婦ヘレン・フェアチャイルド（一八八四年生まれ）も一九一八年に三三歳でフランスにおいて戦没している。[10]ゆえに、一九二〇年代末に「三六歳」という第一次世界大戦退役軍人の平均年齢は、あくまで男性退役軍人の平均年齢であることを念頭に置いておく必要がある。

他方、在郷軍人会の「三四人合同委員会」に所属していた人物について言えば、組織創設者であるT・

ローズヴェルト・ジュニア（一八八七年生まれ）を筆頭として、M・フォアマン（一八六三年生まれ）、H・リンズリー（一八七二年生まれ）、F・ドーリエ（一八七七年生まれ）といった人々であり、いずれもアメリカ参戦の年（一九一七年）にはすでに三〇代から五〇代にまで達していた男性であった。一九二一年巡礼において在郷軍人会の巡礼団長を務めたJ・エメリー（一八八一年生まれ）もまた、アメリカ参戦の年にはすでに三六歳に達している。[11] 初期の在郷軍人会の巡礼事業において大きな権限を握っていた全国本部役員たちは出身階級においてだけでなく、年齢層においても平均的な男性退役軍人とは言い難い人々であった点を確認しておく必要があるだろう。

（2）地方基地

各州支部の下には、地方基地（local post）と呼ばれる組織が置かれていた。地方基地は多くの場合、地区単位で集まった退役軍人によって自発的に設置され、組織名称はその地域が出した戦没者名に由来することが多かった。たとえば、前章で挙げた「フランス再訪エッセイコンテスト」の優勝者が所属していた基地の名は「アンダーソン - アドキンス第一九基地（Anderson-Adkins Post No. 19）」（ペンシルベニア州ニューブライトン）であり、「アンダーソン - アドキンス」は当該地域の戦没者二名のファミリーネームを組み合わせたものである。ただし、国外在住の退役軍人によって外国に在郷軍人会基地が設置される場合は、「パリ第一基地（Paris Post No. 1）」や「ロンドン第一基地（London Post No. 1）」のように、地名にちなむ組織名称が採用されることの方が多い傾向にある。また、基地名の後に振られた番号（「第〜基地」）は州内あるいは外国で当該基地が設置された順番を表す数字であり、数字が若いほど早期に創設された基地であることを示している。

一九三〇年代に発行された『アメリカ在郷軍人会、アンダーソン - アドキンス第一九基地の歴史』は、基地名に冠した戦没者二名の名が共にフランスで戦死した男性軍人の名であることを強調している。そして、「フランス再訪エッセイコンテスト」で優勝した基地会員ロバート・マッキニス（通称ボブ）の功績を以下のように褒め称える。

戦友マッキニスに関して、私たちの基地が感じた特別に誇らしい思いをここでひけらかしたとしてもきっと許されることでしょう。『アメリカン・リージョン・マンスリー』（在郷軍人会機関誌）は「なぜ私は在郷軍人会の一員として一九二七年にフランスに行きたいと思っているのか」というテーマについて書かれた最も素晴らしいエッセイを在郷軍人会会員の間で選ぶために二七年初頭にコンテストを実施したのです。全米中から参加した大勢の退役軍人が競い合うなか、戦友マッキニスの作品は最優秀賞に選ばれました。コンテストの勝者として、彼は三五〇ドルの賞金、つまりフランスへの無料の旅を手に入れたのです。この行いによって、「ボブ」は自分自身に名誉をもたらしたのみならず、私たちの第一九基地に全在郷軍人会会員の注意を引きつけてくれました。（Corkan circa 1930: 27）

このように、基地内において在郷軍人会会員は互いを「戦友（comrade）」と呼び合い、基地会員の名誉は基地全体の名誉として共有されていたのである。

(3) 看護婦の地位

戦間期における在郷軍人会の入会資格は、第一次世界大戦参戦中のアメリカ軍において現役の軍務に就いたあらゆる人物、または、アメリカと協力関係にあった政府の軍において現役の軍務に就いたアメリカ市民に対して認められていた（ただし、兵役拒否者と不名誉除隊者を除く）。また、不偏不党の自発的市民結社を標榜する立場から「会員資格に種類や階級は一切設けてはならない」と組織規約に定められていたため、軍隊階級や組織内の役職に基づく待遇差別は禁じられていた（American Legion 1919: 15; *ALW*, December 5, 1919）。

なお、「看護婦は在郷軍人会の会員になることができる唯一の女性たちであった」（Michigan Nurses Association 2004: 11）と断言するミシガン州看護婦協会の記録にも表れているように、戦間期において在郷軍人会の会員資格を全国本部から公式に認められていた女性は、第一次世界大戦中に動員された元陸海軍看護婦の女性に事実上限られていたようである。[12] 戦時中に動員された陸軍看護婦の総数は約二万二〇〇〇人であり、そのうちのほぼ半数（約九〇〇〇人）が海外で従軍したと言われている。また、死亡した陸軍看護婦について言えば、二〇〇名がインフルエンザの流行で死亡、六〇名がその他の原因で死亡しており、戦闘行為による死亡は皆無であった（Pencak 2009: 456）。他方、海軍看護婦の数は陸軍看護婦に比して少なく、その総数は一三八六人であった。海軍看護婦も戦闘行為による死者は皆無であり、その他の原因による戦没者は三六名と記録されている（Moore and Herman 1999: 514-5）。

在郷軍人会における看護婦の地位とはいかなるものであったのであろうか。組織創設年である一九一九年の在郷軍人会機関誌上の読者投稿欄には、投稿者と編集者による以下のようなやりとりが残されている。

編集者殿：先の大戦で軍務に就いた陸軍看護婦は、在郷軍人会ボタンの着用、および会員資格を認められますか？

ニューヨーク州、ニューヨーク市　J・F・トラウト

〔以下、編集者の回答〕はい、対ドイツ戦争においてアメリカ軍の一員として軍務に就いたあらゆる人物が、在郷軍人会ボタンの着用と会員資格を認められます。ニューヨーク市には在郷軍人会の二つの陸軍看護婦の基地があります。看護学校卒業生用の基地はジェーン・A・デラノ基地、看護学生用の基地はドロシー・クロスビー基地です。（*ALW*, December 12, 1919）

この回答に表れているように、在郷軍人会全国本部は看護婦に会員資格を公式に与える一方で、彼女たちを男性退役軍人の基地とは区別される「看護婦の基地」に誘導・隔離しようとしているのである[13]。戦間期における在郷軍人会会員全体のうちで、看護婦が占める割合がどの程度のものであったのか、それを確認できる史資料は管見の限り残されていない。今日確認できる「看護婦の基地」に関する史資料の多くは、第二次世界大戦以降のものである。例外は、ペンシルベニア大学に残されている「ヘレン・フェアチャイルド第四一二看護婦基地（Helen Fairchild Nurses' Post No. 412）」（以下「ヘレン・フェアチャイルド基地」と略記）に関する資料群であり、同基地は本書第5章において検討する在郷軍人会の一九二七年巡礼に数多くの元従軍看護婦を参加させている。以下では、この「ヘレン・フェアチャイルド基地」の成り立ちを概説しておきたい。

4　ヘレン・フェアチャイルド基地の創設

ここでは、まず、基地名称となっている戦没看護婦「ヘレン・フェアチャイルド」が従軍した、フランス、ル・トレポールの「アメリカ軍第一〇兵站病院」における陸軍看護部隊の従軍形態を明らかにする。その上で、第一次世界大戦後にフィラデルフィアに設置された、ヘレン・フェアチャイルド基地の設立過程について述べる。

まず、看護婦の従軍形態についてである。第一次世界大戦期におけるアメリカの「兵站病院（Base Hospital）」とは、軍医総監局の指揮の下、アメリカ赤十字が五〇の負傷兵用の病院を戦地に設置したことに端を発するものである（Gavin 2006: 44）。イギリス海峡に面したフランスの港町ル・トレポールに位置する「アメリカ軍第一〇兵站病院」はそのうちの一つであり、医療団派遣の任にあたったのはフィラデルフィアのペンシルベニア病院である。

第一〇兵站病院に従軍した看護部隊の詳細は『世界大戦におけるペンシルベニア病院部隊史』（一九二一年発行、以下『部隊史』と略記）のなかに記されている。この『部隊史』によれば、第一〇兵站病院に従軍した看護部隊の成り立ちはアメリカ参戦直後の一九一七年五月に遡る。フィラデルフィア近郊の看護婦たちを陸軍看護婦として組織・渡仏させるべく、ペンシルベニア病院の看護部長マーガレット・ダンロップが志願を募った。一九一七年五月の時点で、最初に従軍を志願した看護婦は総勢六四名であり、彼女たちは『部隊史』のなかで「六四人のオリジナル看護婦」と呼ばれている（Hoeber 1921: 225）。「オリジナル看護婦」の多くはペンシルベニア病院看護学校の卒業生であったが、なかにはジェファーソン病院など他の病院の看護学校の卒業生も含まれていた。ダンロップ率いるペンシルベニア州の看護部隊は、同年六月にイギリス経由でル・トレポールに到着し、病院内での看護活動を開始した。また、翌七月に第一〇兵站病院は陸軍将校と看護婦によって構成される現場救護班を組織しており、彼ら・彼女らの任務はベルギー戦場に赴いて前線での治療・救護活動にあたることであった（Hoeber 1921: 86）。

この過程で病没したのが、ペンシルベニア病院看護学校の卒業生ヘレン・フェアチャイルド（第一〇兵站病院の「オリジナル看護婦」の一人）である。彼女の死は『部隊史』のなかで以下のように語られる。

〔一九一七年〕一二月、〔ベルギー戦場の〕現場救護所において従軍していたミス・ヘレン・フェアチャイルドの具合が悪くなり、病状は急速に悪化し、〔一九一八年〕一月には本人の希望によってチャールズ・F・ミッチェル少佐の執刀により手術を受けた。その後五日間にわたって病床に伏した後、ミス・フェアチャイルドは息を引き取り、陰鬱な悲しみが駐留地を覆った。彼女は第一〇兵站病院で死んだ最初の看護婦であった。彼女は正式な軍隊式葬典にて葬られたが、その葬儀は大変厳粛かつ印象的なものであった。[14]（Hoeber 1921: 88-9）

『部隊史』の巻末には、従軍中に隊を去った四名の看護婦のリストが付されている。ここではヘレン・フェアチャイルドのみが「死亡」と記され、他の三名は「人事異動」や「結婚」を理由に隊を去ったとされている（Hoeber 1921: 230）。ヘレン・フェアチャイルドは、第一〇兵站病院の看護部隊が戦地で出した最初で最後の死亡者であったことが確認できる。なお、彼女の墓は当初はル・トレポールの墓地に置かれていたが、墓地を整備・統合していく過程でその遺体は掘り起こされ、アメリカ政府管轄下にあるソンム墓地に移されることとなった（Ghajar 2006: 176）。

一方、本書の課題から重要になるのは、休戦協定締結後の従軍看護婦たちの組織化過程である。ただし、ペンシルベニア大学に残されていた戦間期の組織資料の大部分は火災によって焼失してしまい、ほとんどの刊行物の入手が不可能になっている。今日、同大学にわずかに残されている史資料の一つが『アメリカ在郷軍人会ヘレン・フェアチャイルド第四一二看護婦基地小史』（以下『小史』と略記）であり、これは第一〇兵站病院にて従軍した経験を持つ看護婦フローレンス・ワグナー（ペンシルベニア病院看護学校卒業生、第一〇兵站病院の「オリジナル看護婦」の一人）が、一九三八年に執筆したものである。また、同大学には「基地の歴史」と題された冊子記事（一九二五年にヘレン・フェアチャイルド基地によって発行されたダンス大会プログラムに所収）も残されている。以下では、この『小史』と「基地の歴史」とに基づいて、在郷軍人会における従軍看護婦の組織化過程を明らかにしていきたい。

『小史』および「基地の歴史」によれば、ペンシルベニア州の第四一二在郷軍人会基地であるヘレン・フェアチャイルド基地はフィラデルフィア市内にて設立され、一九一九年一〇月四日に第一回目の会合がフランクフォード病院で開催されたという（Wagner 1938: 1）。その後の活動経緯について、「基地の歴史」は以下のように記す。

第一〇兵站病院の元看護婦長であるミス・ダンロップのおかげで、二回目以降の基地会合のほとんどはペンシルベニア病院で開催することができました。……基地会員は総勢三〇〇名で、フィラデルフィアのほぼすべての病院から集まってきています。基地会員の多数は、〔ペンシルベニア病院の〕第一〇兵站病院、ジェファーソン病院の第三八兵站病院、エピスコパル病院の第三四兵站病院、第五海軍病院、ペンシルベニア大学病院の第二〇兵站病院、プレスビテリアン病院の野戦部隊A、これらのうちのいずれかに〔戦時中は〕配属されていました。(Helen Fairchild Nurses' Post No. 412 1925)

「基地の歴史」に列挙されている兵站病院・海軍病院に共通しているのは、すべて戦時中にフランスに設置された病院であるということである。そもそも組織名称である「ヘレン・フェアチャイルド」自体が、第一〇兵站病院で唯一死亡した看護婦の名に由来するものであり、基地創設にあたって看護婦たちがあくまで海外での従軍体験を重視していた姿勢が窺える。逆に言えば、海外従軍体験さえあれば、第一〇兵站病院従軍経験者ではなくとも基地会員として迎え入れる姿勢があり、それゆえに「総勢三〇〇名」という大基地に成長することができたということになるだろう(戦時中に第一〇兵站病院に従軍した看護婦の総数は、新たに到着した補充人員を含めても一三〇名前後である)。

なお、ペンシルベニア大学に残されている、一九二一年度のヘレン・フェアチャイルド基地役員候補者名簿のなかにも「マーガレット・ダンロップ」の名前が記されており、基地創設期に第一〇兵站病院の看護婦長が大きな役割を果たしていたことが確認できる(Helen Fairchild Nurses' Post No. 412 1921)。ダンロップがどのような思いから看護婦専用の在郷軍人会基地の創設に携わったのか、『小史』や「基地の歴史」からは把握することができないが、フィラデルフィアの地元新聞『イヴニング・パブリック・レジャー』には手がかりが残されている。以下は、休戦協定締結に伴いアメリカへ帰還したばかりのダンロップに対して行われた、同紙のインタビュー記事（一九一九年四月一八日付け）である。

フランスではようやくケーキが店先に並びはじめたばかりだというのに、アメリカにはたくさんのスイーツが溢れているということが、〔帰還した〕ミス・ダンロップの関心を特に引いた点だった。

もう一つ、ミス・ダンロップが気にしていたのが、以下のことだ。彼女が率いる看護部隊のうちの六八名は復員船に乗って先週帰還したのだが、その際、ニューヨークとフィラデルフィアからやってきた新聞記者たちは皆口を揃えて、何人の看護婦が婚約したのですかという質問ばかりしてきて、彼女たちがフランスでどれだけの任務をこなしてきたのかということについてはあまり尋ねようとしなかった。……帰還した看護婦の幾人かは婚約したわけであるし、恋に落ちる機会には事欠かなかったのだと、ミス・ダンロップも認めていた。（*Evening Public Ledger*, April 18, 1919, 強調は引用者）

苛酷な「任務」が「恋に落ちる機会」へと新聞メディア上ですり替えられたとき、自らの従軍体験を誇りに思う看護婦が味わうのは失望であろう。『小史』を執筆したワグナーによれば、ヘレン・フェアチャイルド基地の立ち上げ以降、同基地に所属する元従軍看護婦たちはハリスバーグ（ペンシルベニア州の州都）の州議事堂博物館やインディアナポリス（在郷軍人会全国本部所在地）の戦争記念館に従軍看護婦の制服を展示する活動に取り組んできたという（Wagner 1938: 4-5）。海外従軍体験を持つ看護婦にとって、「制服」が戦争の記憶を維持する上で不可欠なものと位置づけられていた事実が窺える（この点については、第5章第3節にて詳細に検討する）。

他方、在郷軍人会内部における看護婦の地位も極めて不安定なものであった。以下では、組織創設当初の在郷軍人会機関誌の投稿欄上に表れた、看護婦の地位をめぐる論争を確認しておきたい。

5　機関誌投稿欄上の看護婦論争

一九二〇年の在郷軍人会機関誌上の読者投稿欄には、組織内における看護婦の地位や扱いをめぐる問い合わせが相次いでいる。一九二〇年一月二三日付けの読者投稿欄には、フロリダ州在住の「不安な看護婦（Anxious Nurse）」から、以下のような質問が寄せられている。

誰か答えを知っている人はいらっしゃいませんか？
編集者殿：軍務に就いた女子《ガール》は「戦友《バディー》」になれますか？
フロリダ州、ジャクソンヴィル　不安な看護婦（*ALW*, January 23, 1920）

「誰か答えを知っている人はいらっしゃいませんか？」と題されたこの投稿は、会員資格を認められつつも他の一般会員（男性退役軍人）から隔離されている、当時の看護婦の周縁化された地位を端的に示している。「看護婦は本当に男性退役軍人と同等の権利を認められた「戦友」なのか？」という「不安な看護婦」

の問いに、機関誌編集者は答えられず（あるいは、答える気がなく）、問いを投げかけられた読者（男性退役軍人）もおそらくは同様なのである。さらに、一九二〇年七月には、同年六月に機関誌上に掲載された「戦友に手紙を送ろう週間」（退役軍人同士で手紙を送り合って旧交を温めようというもの）の実施を提案する投稿文に対して、ペンネーム「ただの看護婦（JUST A NURSE）」から、以下のような訂正要求の投稿が届く。

編集者殿：「戦友に手紙を送ろう週間」を在郷軍人会会員で実施しようというご提案につきまして、以下の一点を訂正してくださいませ。どうか看護婦を仲間として認め入れてください。かつて患者だった兵隊さんのことを私たち看護婦が忘れたことは決してなく、そうした兵隊さんからお便りをもらえたなら、たくさんの看護婦が喜ぶことは間違いないのです。……

〔訂正要求を出した〕私がお邪魔に思われることなどないと確信しております。今日でもなお「兵隊さんたちと共に」の合い言葉を実践しつづけているのだなと、あなた方在郷軍人会会員ならば全員そう思ってくださるはずです。

ただの看護婦、陸軍看護部隊　ミシガン州、デトロイト（*ALW*, July 23, 1920）

男性退役軍人に「お邪魔に思われることなどない」よう「ただの看護婦」を名乗る控え目なこの投稿文に対しても、やはり返答が寄せられることはなかった。

読者投稿欄に大きな変化が訪れるのは、一九二〇年一〇月のことである。きっかけはカリフォルニア州在住の元従軍看護婦から寄せられた実名投稿である。投稿文上部には「答えてくれるのは誰なの？（WHO

WILL ANSWER?)」という挑発的な題名が太字かつ大文字で付されている。すなわち、今回の投稿は、誰かが何らかの形で答えざるを得ない、以下のように歴然とした抗議文だったのである。

答えてくれるのは誰なの？

編集者殿：看護婦の何が問題なのですか？　いくつかの基地が看護婦を仲間に入れたくない様子なのはいったいどういった理由からなのですか？　看護婦があまり評価されないのは、彼女が気前よく振舞いすぎるからだとでもいうのでしょうか？

私は地元の町の基地に設立メンバーとして加わりました。加入から数カ月が経ち、帰宅してみるとこんなお知らせが届いていたのです。基地会合は「男性限定」なので、あなたは「公開会議」の方に出るがよかろう、と。公開会議に出席するために会員資格が必要であったとは、ほとんど信じられない思いでした。公開会議であるか非公開の会合であるかを問わず、男性であればたとえ従軍体験がない人で、あっても常に出席しているというのに。……私は海外に赴き、二年間にわたって彼の地で従軍したのです。

サラ・E・ミーチャム　カリフォルニア州、ニューマン（*ALW*, October 22, 1920, 強調は引用者）

この記事が、その後その年の暮れまで読者投稿欄上で繰り広げられることになる看護婦論争の発端であった。一九二〇年一一月一九日付けの読者投稿欄には、ミーチャムの投稿に対して五通もの返信が掲載されており、そのうちの一通は女性在郷軍人会会員から寄せられたものである。

マサチューセッツ州に住む女性在郷軍人会会員「ＥＭＧ」（文面からして、ミーチャムと同様に元従軍看護婦であると思われる）は、以下のような投稿文を寄せて怒れるミーチャムをたしなめる。「ミス・サラ・ミーチャムのお便りにお返事しなければならないと思いました。私は彼女の基地のような事例は少数だと信じておりますし、ひょっとしたら、兵隊さんたちから除け者にされているというのは彼女の誤解かもしれません。私自身、地元の町の基地に設立メンバーとして参加しましたが、兵隊さんたちは私が真っ先に会員名簿に署名するように促してくれました。大抵の場合において女性は私一人だけなのですが、基地会合にも楽しんで参加しております。兵隊さんたちは私たちの献身に感謝してくださり、私に対してよくしてくださいます」（*ALW*, November 19, 1920）。ただし、彼女は手紙の最後に、自分は入院中の傷痍軍人の妻でもあること、基地会員たちはその傷痍軍人の夫にも「とても親切にしてくださる」ことを併せて綴っている。彼女に対する男性会員の親切な態度は、実際には戦時中の「献身」に対してではなく、「傷痍軍人の妻」という彼女の戦後の立場に起因するものであった可能性が高い。

アイオワ州とアーカンソー州の退役軍人からそれぞれ寄せられた二通の便りは、自分の所属する基地では看護婦の参加を大いに歓迎しており、「責められるべきは数少ない基地だけ」であると弁明する（*ALW*, November 19, 1920）。

残り二通の返信は、ミーチャムの抗議に何らかの形で反論するものである。オハイオ州在住のH・J・ボーエンは、「心の広い兵士は元看護婦に対して親愛の情を抱くばかりであり、すべての基地会合に彼女たちを喜んで迎え入れるだろう」と釈明した上で、以下のようにつけ足す。「私の伝え聞いていることが正しければ、下士官兵〔将校より下の位の軍人の総称〕と看護婦が路上や公共の場で連れ立って行動してはならないという古い規則が破棄されたのは、休戦協定締結後のことであったはずです。ひょっとしたら、幾人かの退役軍人の頭のなかでは、この社会的障壁の記憶が依然として新しいのかもしれません」（*ALW*, November 19, 1920）。戦時中に存在したとされる「社会的障壁」、すなわち下士官兵と看護婦が個人的親交を結ぶことを困難にした軍規が、男性退役軍人側の冷淡な態度に作用しているのではないかという反論である。

もう一通の反論は、ニューヨーク州在住のイニシャル「ＥＤＡ」からの投稿文である。「彼なりの説明(His Own Explanation)」と題されたその内容は、以下のように辛辣なものである。

彼なりの説明

編集者殿：看護婦に対する復員兵の態度に関するサラ・Ｅ・ミーチャムの質問にお答えするにあたって、私から一つお尋ねしたいことがあります。看護婦ないしその他の従軍体験のあるアメリカ人の女子と同席したり交流したりすることを幾人かの復員兵が避けようとしている理由を、あなた方看護婦は、わざわざ尋ねなければならないのですか？　サム・ブラウン・ベルト[15]を締めて、肩には階級章をつけた将校たちにばかり心を惹かれていた相当数の看護婦たちのことを、立ち止まって思い出してみてはいかがですか？　……フランスで看護婦に軽視されたと感じた経験のある、不幸な下士官兵の身になってみれば、彼はそれを忘れることはできないでしょうし、階級の分け隔てなく完全に公平な態度をとっていた多くの看護婦たちに対してすら、彼が不当に当たってしまうということもあり得るでしょう。少数の振る舞いによって多数が苦しめられるというお馴染みの軍隊の慣習は、今日なお存在しているのだということです。

ニューヨーク州、ブルックリン　ＥＤＡ（*ALW*, November 19, 1920）

つまり、在郷軍人会において看護婦が歓迎されないのは、戦時中に将校以外の兵士を「軽視」していた看護婦たちの存在が軍隊内の階級に基づく待遇差別を想起させ、今なお男性退役軍人の気分を害しているからだという説明である。ＥＤＡにとって、看護婦が男性退役軍人の基地から排除されるのは当然の成り行きであり、基地から排除された看護婦がその理由を「わざわざ尋ねなければならない」ような問題ではないのである。

男性会員によるこの種の反論、および看護婦批判はその後も収まることはなかった。一二月三日付けの読者投稿欄に掲載されたカンザス州在住の退役軍人からの投稿文は、「軍隊のお偉方におべっかを使う看護婦を目にするのは、もううんざりだと思った男たちが大半なのであり、自分たちのことをしょっちゅう馬鹿にしていた看護婦に取り入るのをやめにして満足することができたのです」とその論調をさらにエスカレートさせている（*ALW*, December 3, 1920）。一方で、在郷軍人会に数多く所属している「階級章をつけた将校たち」の存在は、軍隊内の待遇差別を想起させないことになっているという点が、この論争のジェンダー化された構造を浮き彫りにしている。すなわち、在郷軍人会機関誌上において、軍隊内の待遇差別の問題は、あくまで看護婦に起因する「女性側の態度の問題」としなくては成り立たない。本章第1節で確認したように、そもそも在郷軍人会を創設したのは二〇名の将校だったのであり、階級に基づく待遇差別を男性同士の問題として取り上げてしまえば、同会の創設経緯そのものを否定してしまうことになるのである。

この論争の最終的な帰着点として編集者側が用意したのは、「兵卒（下士官兵のなかでも最下級の兵）と結婚した看護婦」に関する投稿をつづけざまに掲載することであった。一二月一〇日付けの読者投稿欄には、アイオワ州在住の元従軍看護婦の投稿文が掲載されており、これは先述したニューヨーク州の退役軍人EDAへの反論であるとされている。「看護婦は下士官兵と親しくしてはならない……そんなことをすれば看護婦は不名誉除隊、下士官兵は軍法会議送りになると、私たちは繰り返し聞かされてきたのです。看護婦の態度が冷淡だったとしたら、それは大抵相手の下士官兵の身を思いやればこその態度です。下士官兵と話しただけ、あるいは一緒に歩いただけで非難される羽目に陥った看護婦の実例を、私は数多く知っております。ただし、兵卒と付き合ったことがあるかどうかを元陸軍看護婦に尋ねたなら、彼女はきっと微笑み返すことでしょう。私自身に関して言えば――誰が兵卒なんかと一緒に出歩くものですか！　でも私は、その兵卒と結婚したのですけれどね」（*ALW*, December 10, 1920, 強調は引用者）。「民主主義の勝利」と題されたこの投稿の言わんとすることは明らかであろう。

さらに、その翌週の読者投稿欄では、戦時中にアイオワ州の陸軍病院に勤務していた退役軍人からの投稿文が掲載され、同病院では兵卒と看護婦が共に外出する許可が与えられていたというエピソードが紹介される。「我が隊の六人の兵士たち――全員紛れもない兵卒でしたが――彼らの近況をぜひ知りたいものです。……彼ら六人は、全員陸軍看護婦と結婚したのです。あなたの基地にいらっしゃいませんか？」（*ALW*, December 17, 1920, 強調は引用者）。その後、退役軍人よる看護婦批判は（少なくとも、機関誌上では）収束していくこととなる。

ここで「答えてくれるのは誰なの？」という当初の問題提起に立ち返れば、元従軍看護婦サラ・ミーチャムの疑問に対して、結局何一つ回答が与えられないままであることに気づくだろう。機関誌投稿欄上における一連の論争は、在郷軍人会における「「戦争体験」のジェンダー化された序列」を端的に示している。

ミーチャムは「海外に赴き、二年間にわたって彼の地で従軍した」にもかかわらず、自分が「従軍体験のない男性」（「C男性の入隊体験」しか持たない銃後の男性退役軍人）よりも低い地位に置かれてしまう（つまり、「D女性の従軍体験」の地位に置かれてしまう）理由を問うた。それに対して、機関誌編集者が投稿欄を介して与え得る唯一の回答は、兵卒と（さもなくば傷痍軍人と）「結婚した」看護婦であれば周縁化を免れることができる――換言すれば、「A'男性戦闘体験者の妻」や「B'男性従軍体験者の妻」という付属的な地位をジェンダー化された序列のなかで手に入れることができる――というものである。戦時中の看護婦自身の従軍体験は、評価の対象にすらなり得ていない。

退役軍人による看護婦批判は収束しても、看護婦側の不満は何ら解決されていなかったことは、翌二一年の投稿欄に表れた以下のような記事からも見て取れる。ここでは投稿者である看護婦は、再び匿名の存在に戻っている。読者からの回答を期待する態度も窺えず、ペンネームすら記さず、半ば独白に近い嘆きの投稿文である。

看護婦たち
　編集者殿：今年も在郷軍人会の各基地は戦没者追悼記念日の式典を実施しようと計画しているようですが、陸軍看護部隊が戦時中に成し遂げたことを彼らが憶えているのかどうか疑問ですし、国に命を捧げた看護婦たちがいたことも忘れてしまっているのではないかと思います。去年の戦没者追悼記念日には、私はある町の在郷軍人会会員のお手伝いをしようと思っていました。私は墓地に行き、そこで行われたスピーチを聞きました。私は公園にも出かけて行き、そこでもスピーチを聞いたのです。母国にすべてを捧げた勇敢な兵士たちについて私は賛辞・賛同を惜しむものではありませんが、看護婦について一言たりとも触れられなかった去年のスピーチは私を深く傷つけました。私は自分がキャンプ・グラント〔イリノイ州の軍事訓練所〕に勤めていたとき、インフルエンザの流行と戦ってそこで命を落とした一〇名の女子たちのことを思い、アルレ〔フランス東部、アメリカ遠征軍の兵站病院が複数設置されていた地〕の小さな墓地に残されて眠っている五名の女子たちのことを思っていたのです。銃後・海外を問わず、その他にも命を落とした看護婦が大勢いることは言うまでもありません。彼女たちのことが今や忘れられてしまっているのは、故意の仕業ではあるまいと承知しています。今年は思い出してもらえるのでしょうか？

陸軍看護部隊　ミネソタ州、パイン・シティ（*ALW*, May 20, 1921, 強調は引用者）

「今年は思い出してもらえるのでしょうか？」という看護婦の切実な嘆きが、当時（一九二一年）第一回目の戦場巡礼事業をまさに企画中であった在郷軍人会全国本部の役員たちに届いた形跡はない。次章で検討するように、一九二一年の戦場巡礼事業は男性代表者で占められており、戦時中の看護婦の貢献は「一言たりとも触れられなかった」のである。

本章では、在郷軍人会の創設経緯を戦前の国防運動との関連のなかで確認し、「初代在郷軍人会」から「戦後在郷軍人会」へという設立経緯の流れを明らかにしてきた。また、「全国本部」「州支部」「地方基地」という上部から下部へと至る同会の組織構造を詳らかにし、併せて、最下部である地方基地からも排除される傾向にあった看護婦の周縁化された地位のあり方を考察してきた。

本章の考察からも明らかであるように、「「戦争体験」のジェンダー化された序列」は、在郷軍人会の組織創設エピソードや従軍看護婦の周縁化された地位に大きな影響を及ぼしている。他方、現実には、在郷軍人会全国本部の基礎を築いた人々の多くは上流階級出身者であり、自らが持つ「戦争体験」の苛酷さに基づいて指導的地位に就いたわけではない。このような理念と現実の間の矛盾は、次章にて検討する在郷軍人会の第一回目の戦場巡礼事業において表面化することとなるのである。

注

1 第一次世界大戦勃発後まもなく、参戦にいち早く備えるために、アメリカの議会および民間団体によって開始された国防運動を「軍備拡充《プリペアドネス》運動」と呼ぶ（島田 1981: 74）。「プラッツバーグ・キャンプ運動」は、そのなかで特に有名なものである。なお、プラッツバーグ・キャンプとは軍事訓練所の名称であり、その目的は「士官不足に対処するため民間人から参加希望者を募り短期間の集中訓練をおこなって一定の基準を満たしたものを、非常時に備えて正規軍の予備役士官に任官すること」にあった（中野 1994: 27）。より詳しくはClifford（1972）を参照されたい。

2 組織創設の背景について、在郷軍人会公認の論者は退役軍人自身のイニシアティブを強調し、在郷軍人会に批判的な論者は労働運動や左翼運動の弾圧を目論む特権階級の後ろ盾があったことを強調する傾向にある。最も客観的な歴史学的研究として定評があるW・ペンカックの議論は、組織創設者たちが「政策を提案・

実行し、自己に有利な宣伝を行い、復員兵内部の対立を覆い隠そうと努める」という意味で優れたリーダーシップを発揮したと指摘している（Pencak 1989: 52）。

3 キャンベルによれば、第一次世界大戦におけるドイツの戦没者は一八〇万人、フランスの戦没者は一三〇万人に上っている（Campbell 2003: 108）。

4 中野耕太郎が明らかにしているように、一九一七年に施行された選抜徴兵法は敵国人を除いて、帰化申請の第一段階の書類さえ提出していれば、外国籍の者も徴兵の対象とした。戦争末期のアメリカ軍には総勢四〇〇万人の兵力の一八パーセントにあたる約五〇万人の外国生まれの兵士が所属し、そのうち一〇万人は英語をまったく理解しなかった（中野 2006: 180）。

5 セオドア・ローズヴェルトの「ニュー・ナショナリズム」については、田中（1996）の第二部第一章「ニュー・ナショナリズムとセオドア・ローズヴェルト」や、高橋（1999）の第三部第二章「T・ローズヴェルト政権の革新主義政治」を参照されたい。

6 GIビルをめぐるジェンダー・ポリティクスについては、望戸（2007）を参照されたい。

7 第一次世界大戦におけるアメリカ軍の黒人兵や移民兵については、中野（2013）が詳しい。

8 在郷軍人会の「一〇〇パーセント・アメリカニズム」については、望戸（2009）も参照されたい。

9 なお、在郷軍人会会員の一九三八年当時の職業分布は小売業者（二四パーセント）が最も多く、次いで熟練労働者（一三パーセント）、公務員（一二パーセント）とつづいていた。農業従事者は二パーセント、非熟練労働者は四パーセントに過ぎなかった。二〇世紀前半の在郷軍人会が「明らかなミドル・クラスおよびアッパー・クラス集団」と呼ばれる所以である（Pencak 1989: 81）。

10　一部文献においてヘレン・フェアチャイルドの生年が「一八八五年」と記されているが（Bullough and Sentz eds. 2000: 83）、彼女の詳細な伝記には「一八八四年、一一月二一日生まれ」であると明記されており（Rote 2006: ix）、前者は誤記であろう。

11　彼らの年齢については、在郷軍人会機関誌および年次大会議事録を参照した。

12　ただし、筆者が調査した限りにおいて、海軍の女性事務官は、在郷軍人会創設当初から陸海軍看護婦同様に会員資格を認められていた可能性が高い。この点の実証的な裏付けは、今後の課題としたい。

13　「ジェーン・A・デラノ」は、一九一九年にフランスで死去した、第一次世界大戦期における陸軍看護部隊の責任者である。「ドロシー・クロスビー」は、一九一八年にマサチューセッツ州の軍事訓練基地で死亡した、陸軍看護学生を指すと思われる（Goodrich 1919: 39）。

14　葬儀の様子は本書第5章第3節も参照。なお、後世の伝記では、ヘレン・フェアチャイルドは一九一七年一〇月にはすでに体調を崩していたとされている。症状は激しい腹痛であり、やがて黄疸や貧血を伴うようになった。これは潰瘍によるものと診断されたため、手術を受けたが、その後昏睡状態に陥って死亡した。検死報告によれば、死因は「急性黄色肝萎縮症」およびクロロホルム中毒であったという（Ghajar 2006: 175-6）。

15　「サム・ブラウン・ベルト」とは、第一次世界大戦期アメリカ軍において将校のみが装備を許されていた帯銃・帯剣用のベルトである。「サム・ブラウン・ベルト」については、本書第5章第5節も参照されたい。

第3章　戦場巡礼の開始
――フランス再訪から「聖地」再訪へ（一九一九年～一九二一年）

1　「真の巡礼者」の登場

本章では、組織創設期（一九一九年から一九二一年まで）の在郷軍人会に着目し、当初は単に「フランス再訪」と呼ばれていた退役軍人の戦場訪問が、やがて「真の巡礼者」による「聖地」再訪と呼ばれるに至るまでの組織的過程を明らかにする。

在郷軍人会機関誌を総覧すると、戦場を訪れることを望む退役軍人のために、在郷軍人会が何らかの組織的事業に取り組むべきであると提案する最初の記事は、一九一九年一〇月二四日付けの投稿文であることが確認できる。在郷軍人会機関誌の創刊が同年七月四日であったことからすれば、戦場訪問という退役軍人組織と最も馴染み深いと思われる事業の提案がなされるまでに三カ月以上が経過していたことになるが、これは以下に引用した投稿文にもあるように、従軍体験のある退役軍人が戦場再訪を無条件に望むとは限らない

――むしろ、「大半の人々」は「二度と戻りたくない」と思う可能性が高い――ことに原因があると思われる。それでも、「私個人としては、アメリカ遠征軍の元一員として、フランス再訪を心から願っている」のだとするこの投稿文の執筆者（ニューヨーク州在住の会員）は、在郷軍人会による組織的な取り組みの必要性を以下のように訴える。

毎年行うアメリカ遠征軍

編集者殿：フランスへは二度と戻りたくないと、アメリカ遠征軍の一員として従軍した体験を持つ大半の人々がそう思っていることは、同じく従軍体験のある私も承知しています。しかしながら、私個人としては、アメリカ遠征軍の元一員として、フランス再訪を心から願っているのです。そこで、毎年夏のおよそ二、三週間の間、フランスで過ごすことを希望する人々のために、何かお膳立てをしていただけないかと提案する次第です。フランスを訪れようとするアメリカ遠征軍の元一員に対して特別割引船賃が提供されるのであれば、在郷軍人会を介して汽船会社と協定を結んでみてはいかがでしょうか。……私は毎年二一日間、すなわち三週間分の休暇が取れるので、六日間を往路に充て、もう六日間を復路に充てれば、最低でも九日間は懐かしい場所を見て回ることができます。フランス再訪の願いを持つ私としては、自分の休暇をキャッツキルやらイエローストーンやらで過ごすよりは、こちらの休暇の過ごし方の方が好ましく思えるのです――我が「戦友」の墓前で過ごすのですから、好ましくないわけがありませんよね？

この問題をぜひ検討してみてくださいませんか？　汽船会社は我々に何らかの配慮をしてくれるので

はないでしょうか？

ニューヨーク州、ブルックリン　ワーナー・ゴーバック（*ALW*, October 24, 1919）

「ワーナー・ゴーバック（Warner Goback）」という投稿者名自体が、「再訪希望（wanna go back）」をもじったペンネームである可能性が高いこの記事では、「フランス再訪（go back to France/ return to France）」という言葉が投稿者自身の願いとして繰り返し用いられることになる。

紙面で確認する限りにおいて、この投稿文に対する機関誌読者の反応は乏しく、翌二〇年の一月二三日付け機関誌投稿欄に、ゴーバック氏の提案に「賛成」する旨を記した、ニューヨーク州ブルックリン在住の退役軍人の手紙が一通掲載されたのみで終わっている（*ALW*, January 23, 1920）。代わって紙面に登場するのは、在郷軍人会の組織力を頼まず、自助努力で戦場訪問を行うことを推奨する記事であり、「巡礼（pilgrimage）」あるいは「巡礼者（pilgrim）」という用語が機関誌上に頻出するようになるのもこの頃（一九二〇年中頃以降）のことである。たとえば、同年七月九日付けの機関誌には、パリ在住の在郷軍人会会員が戦没者追悼記念日にフランスのアメリカ軍戦場墓地（サン・ミエル墓地）を訪問した際の記録が以下のように掲載されている。

この墓地に辿り着くためには、巡礼者は墓に眠るものたちが息絶えて体を横たえたまさにその場所を通って来なければなりません。砲撃によって破壊された道が今ではほぼ通行可能になっており、大地が榴弾によって引き裂かれた跡も今ではほとんど見えなくなっていることに、巡礼者たちは気づかされることになります。戦争の傷跡は緑に覆われ、戦場に流された血潮のように赤いポピーや、デイジーや、

紫色そして青色の野の花々に彩られているからです。（*ALW*, July 9, 1920）

また、同年八月一三日付けの機関誌「掲示板」欄（組織活動報告欄）には、オハイオ州における以下のような独自の取り組みが紹介されている。

第三七師団第一四八歩兵連隊F中隊に所属していた復員兵たちは、来年ヨーロッパへ旅に出るために、目下計画立案を行っているところです。このF中隊は、クリーブランド・グレイズ〔一九世紀に設立された私兵集団〕を元に組織されており、オハイオ州クリーブランドで長い歴史を持つ軍事組織が基礎になっています。世界大戦以前にも、クリーブランド・グレイズはヨーロッパ旅行を自ら手配していました。来年の巡礼は、汽船を丸ごと借り切って実施する予定であるとのことです。（*ALW*, August 13, 1920）

在郷軍人会会員による自発的な「巡礼」が称揚されるのに伴って、機関誌上には「観光客（tourist）」批判も頻出するようになる。H・レヴェンシュタインが指摘しているように、そもそも一九二〇年という年は、フランス政府が大量のアメリカ人戦場観光客の渡仏を期待していた年である。「海運業やヨーロッパ大陸の交通機関が依然としてあまりにも混乱していたため、一九一九年の段階ではアメリカ人の観光旅行が伸張するには至らなかったが、期待は一九二〇年に向けて高まっていた」のだとした上で、レヴェンシュタインは以下のようにつづける。

この年〔一九二〇年〕、「莫大な数のアメリカ人の入国」を期待していたフランス政府は、主要入国港に観光局を開設して、戦場ツアーに関する情報を広めることにした。戦場にほど近い場所にホテルを建て、戦場への自動車旅行を企画するようにと、政府機関は各企業に促した。……戦時中のアメリカの救急列車が急遽購入され、待避線に引き込まれた上で、ホテルとして利用できるようにされた。そんなホテル列車は必要なかったのだ。一九二〇年、戦場に大挙して押し寄せるはずであったアメリカ人の姿は、大いなる幻に終わった。アメリカにおける金融不安、そしてフランスでは列車は大混雑していて、宿泊施設は不足していて、物価も便乗値上げされる一方であるという噂が、観光旅行の伸張を阻害したのだった。（Levenstein 1998: 225）

フランス側にとっては災難であったアメリカ人戦場観光旅行の不振は、「巡礼」を称揚する当時の在郷軍人会にとっては小気味よいものであったようである。一九二〇年九月二四日付けの在郷軍人会機関誌には、戦場観光の不振を皮肉る以下のような記事が掲載されている。

今年〔一九二〇年〕、パリやブリュッセルでは、大手旅行会社や自動車会社、そして数多くの旅行ガイドたちが車や地図や旅行パンフレットを用意していたのですが、結局売り上げは彼らの期待した額の半分にも満たなかったのです。かつてアメリカ遠征軍の一員であった真の巡礼者であれば、自力かつ徒歩で三々五々出かけるものであり、さもなければ、よく話して聞かせた思い出の丘をいつか見せてあげるからという妻への約束を果たそうとする歩兵隊の元少佐がいたとすれば、彼は探し出した自動車に妻を乗せ自分で運転してそこへと出かけていくことでしょう。これらの人々は皆、観光バスに乗り込むようなことはしない人々なのです。（*ALW*, September 24, 1920, 強調は引用者）

ここにおいて、在郷軍人会機関誌上に「真の巡礼者」なる概念が登場することになる。機関誌上における「巡礼」ないし「巡礼者」の称揚が一九二〇年中頃以降に盛んに行われていくようになるのは、レヴェンシュタインが論じているような同時期のフランス政府による戦場観光振興政策の実施と無関係ではない。すなわち、フランスで戦場観光産業が台頭する予感があってはじめて、在郷軍人会機関誌上で「真の巡礼者」の価値が称揚されることになったのである。ここでの「巡礼者」は、かつての「ワーナー・ゴーバック」氏のように、単純に「フランス再訪」を望むだけではもはや済まされない。「観光客」を疎み、これを戒めるような規範的性格が、在郷軍人会の「巡礼者」に付与されていくことになるのである。

一九二一年の四月二九日付け在郷軍人会機関誌には、「シャトー・ティエリを訪れる巡礼者たち」と題された巡礼特集記事が掲載されているが、ここでは「観光客」批判はさらにエスカレートしている。アメリカ軍の激戦地として知られるシャトー・ティエリ在住のアメリカ人によって記された同記事は、「戦場を見物したい」観光客の態度と、「自分自身が戦った戦場を再訪するためにやって来る人々」（すなわち、退役軍人巡礼者）の態度を、以下のように対照的に描き出してみせる。

シャトー・ティエリに住んでいると、かつての戦場を見るためにここを訪れる人々の意識が、それぞれ異なっていることに日々心を動かされます。

数多くの観光客は、無益な好奇心でここへやって来ます。戦争の惨害が取り除かれてしまっているのがわかると、彼らはむしろ失望します。マルヌの谷の豊かな野原が耕作地になっているのは見たくないし、哀れな村人の家屋は終戦の頃同様に砲撃で破壊されたままであって欲しい、そう考えるのが彼ら観光客なのです。彼らは単に「戦場を見物したい」だけなのです。彼らにとっては、これはヨーロッパ旅行の一環でしかありません。夜の予定に間に合うようにパリに帰れたなら、彼らはきっと嬉しがることでしょう。

一方で、自分自身が戦った戦場を再訪するためにやって来る人々がいます。自分自身が勇敢に突撃していったまさにその場所を見つめるとき、彼の顔に浮かぶ表情を言葉で言い表すことはできません。ブレッシュやヴォー〔シャトー・ティエリ周辺〕で彼が見つめるのは、かつて破壊された家屋があった場所であり、担架に乗せられて応急処置のために後送されるのを待つ間、彼はその家屋の陰で身を横たえていたのです。彼にはその一部始終が、まるで昨日の出来事のように感じられていることでしょう。

(*ALW*, April 29, 1921)

「自分自身が戦った戦場を再訪するためにやって来る人々」——それは、かつて好ましい「休暇の過ごし方」を提案した「ワーナー・ゴーバック」氏その人であるはずなのだが——彼は今や、「パリ」の魅力に惑わされる観光客とは峻別される「言葉で言い表すことはできない」巡礼者となったのである。

「戦争の平凡化」概念の提唱者であるG・モッセは、「巡礼と観光旅行の間には明確な線が引かれた」と述べる(Mosse 1990=2002: 156, 引用文のルビは省略)。一九一九年から一九二一年までの在郷軍人会機関誌を総覧する限りにおいて、確かに「巡礼者」と「観光客」の間には「明確な線」が引かれていたことが確認できる。しかし、その線引きのプロセスは、モッセが想定するような「平凡なるものの侵略から神聖なるものを防衛」する一方的な過程であるとは言い切れない（Mosse 1990=2002: 157）。「ワーナー・ゴーバック」氏による好ましい「休暇の過ごし方」の提案から、「真の巡礼者」の登場へと至る在郷軍人会機関誌上の一連のプロセスから浮かび上がってくるのは、むしろ、戦場観光産業が台頭する予感があってはじめて退役軍人巡礼とはいかなるものであるべきかが提示されていくという逆説的な「巡礼者」像のあり方なのである。

2 「首尾よくいかなかった」アメリカ軍戦場墓地

一九二〇年中頃以降「巡礼」や「巡礼者」といった用語が在郷軍人会機関誌上に頻出するようになるもう一つの背景としては、フランスに埋葬された戦没者遺体の掘り起こしと本国移送とが本格化したのがまさにこの頃であったという事実を挙げることができる。G・ピーラーが論じているように、アメリカの陸軍長官は休戦協定締結後の一九一九年に、戦時中に埋葬されたアメリカ人戦没者の遺体をそのままフランスに留まらせるか、もしくは墓地から掘り起こして母国へ移送するか、その選択については、最終的に遺族が決断するのを認めた。その結果、「じつに七割近くもの遺族が遺体の本国移送を選んだ」ため、フランスが遺体の移送に対する異議を取り下げた一九二〇年三月以降、大半の戦没者遺体が順次掘り起こされることになったのである（Piehler 1995=2013: 152-4）。

政治学者のB・アンダーソンは、遺族からの遺体返還要求が行われなかった戦没者（全遺体のうちの約三割）のみを埋葬したアメリカ軍の戦場墓地は、イギリス軍の広大な戦場墓地と比較して「明らかに首尾よくいかなかった」事例だと指摘した上で、その理由を以下のように述べる。

イギリス国家はすべての遺体、すべての墓石、そしてすべての墓地を管理する権限を独占した。戦死者の家族が、イギリス海峡を越えて最愛の者の遺体を故郷へ連れ戻すことを、法的に禁じてしまったのである。……アメリカ合衆国の場合、歴史的に弱体な連邦国家は、強力な市民社会の上に浮かんでいるばかりで、イギリス政府が採った公定ナショナリズム式の国民化を見習う機会がなかった。たしかに、フランス、ベルギー、イギリスの土地に「アメリカの」墓地を造り、そこにアメリカ人戦死者を眠らせておこうと精力的に努力した有力な政治家もいたことはいた。それらの死者たちは、ヨーロッパの地における近年の、さらには未来のアメリカの軍事的栄光を象徴するしるしとなるかもしれない、と考えたのである。だがそのような努力にもかかわらず、制度としては何ひとつ成し遂げられなかった。

（Anderson 1998=2005: 88-90, 引用文のルビは省略）

アンダーソンが言う「首尾よくいかなかった」「制度としては何ひとつ成し遂げられなかった」墓地とは、具体的にはどのようなものであったのだろうか。『ニューヨーク・タイムズ』の記事によれば、一九二一年当時、フランスのアメリカ軍戦場墓地を訪れた作家が目にした光景（戦没者遺体の掘り起こし）は以下のようなものであった。「なだらかな芝生、白い十字架の列の合間にぽっかり空いた醜い穴の数々。その穴の底から引きずり出されてきたものは……なんてことだ？　母親はあれが自分の息子だと見分けられるのか？　あり得ない！　原形を留めぬその姿に、母親は卒倒するしかないだろう」[1]（*The New York Times*, April 15, 1921）。

戦没者遺体の掘り起こしを非難する在郷軍人会会員の声は、同時代のアメリカの新聞メディアにも掲載されている。一九二〇年一月二〇日付けの『ニューヨーク・タイムズ』には、ニューヨーク州支部セオドア・F・ミード基地の司令官による以下のような投書が掲載されている。「私が所属する在郷軍人会基地では、遺体の本国送還に全会一致で反対しています。昼夜を問わず苦しめられたあの地獄を生き抜いた軍人であれば、自分の戦友の遺体が掘り起こされる場面など誰しも目にしたくないはずです」（*The New York Times*, January 23, 1920）。遺体の掘り起こしはその返還を待ちつづけてきた遺族にとっては望ましい作業であるが、退役軍人にとっては「あの地獄を生き抜いた軍人であれば……誰しも目にしたくない」光景を見せつけられることを意味していたのである。

ただし、L・ブドローも指摘しているように、在郷軍人会は組織全体としては戦没者遺体の埋葬方法は「個人〔遺族〕の判断に委ねるべきである」との意見を持つ会員が大多数であった（Budreau 2010: 69）。ゆえに、在郷軍人会機関誌上でも、戦没者遺体の本国移送をあからさまに批判するような特集記事は組まれていない。その代わりに、一九二〇年中頃以降に機関誌上で展開されていくのは、フランスにおけるアメリカ人戦没者の墓の意義を繰り返し強調していく言説である。たとえば、一九二〇年七月九日付けの機関誌記事「フランスは忘れない」では、戦没者追悼記念日に「神聖なる」アメリカ人戦没者の墓の前で「涙を流すフランス人たちの姿」が以下のように語られる。

フランス人は言うのです。「あなたの国の戦没者は、我々の戦没者でもあります。時がつづく限り永遠に、アメリカ人戦没者の墓は我々にとって神聖なるものでありつづけるでしょう」。この言葉にさらなる敬意を添えるのが、白い十字架に手ずから花輪を供え、名誉あるアメリカ人戦没者のために涙を流すフランス人たちの姿です。……これがフランス政府の指図によって仕組まれた、やらせのイベントであるはずがない。これほどまでに素晴らしいフランス人の対応を目の当たりにした者であれば、誰しもそう言うことでしょう。戦没者追悼記念日にフランスのアメリカ軍墓地に足を運んだ者は、フランス人の真心を目撃することになったのでした。（*ALW*, July 9, 1920）

さらに同記事は、ルーアンのサン・スヴェール墓地の一画に設けられたアメリカ人戦没者墓地の様子を以下のように取り上げる。

かのジャンヌ・ダルクが殉教したまさにその場所であるルーアンでは、町に住む人々が毎年恒例のオルレアンの乙女祭りの儀式のなかに、自分たちの町の墓地で眠るアメリカ人戦没者を追悼する時間を設けました。サン・スヴェール墓地の墓には国旗が飾りつけられ、花が散りばめられたのでした。（*ALW*, July 9, 1920）

フランスにおける戦没者の墓の意義を主張する在郷軍人会機関誌上の言説に特徴的なのは、それが常に「素晴らしいフランス人の対応」あるいは神格化されたフランス人表象（ジャンヌ・ダルク）によって証明されるものであるということである。こうした態度は在郷軍人会に特有のものではなく、戦時中のアメリカ遠征軍の発行物である第一次世界大戦版『星条旗新聞』にも見て取ることができる。一九一九年五月九日付けの同紙には、一本の茂った木のそばにたくさんの十字架が立ち並ぶ戦場墓地に、抜き身の剣を構えて降臨する甲冑姿のジャンヌ・ダルクのイラストが掲載されている（*The Stars and Stripes*, May 9, 1919）。

アメリカ固有の表象ではない「ジャンヌ・ダルク」が、戦時中のアメリカにおいて特に重要な役割を果たすようになった背景については、R・ブレッツが以下のように論じている。

ジャンヌ・ダルクの像を持ち出すことによって、話者はフランスの軍事的な名声を依然として守りながらフランスを女性化（feminize）することが可能になる。ジャンヌだけが、脅かされたネーションの主体を表すと同時に、そのネーションの救い手になることもできるのだった。……塹壕がジャンヌの出身地であるフランス東部に位置していたことが明らかな要因となって、ジャンヌは戦時中を通してほとんど指標のような存在と化している。妹のような人としてまた愛すべき対象として、ジャンヌはこの上なくはっきりと同時代に甦るのである。アメリカ兵たちはジャンヌの歴史についてほぼ何も知らないと評されているが、自らの「男らしさ」に訴えかけてくる、彼女の清純という形の「偉大さ」には十分に感じ入っているのだった。（Blaetz 2001: 37-9）

重要なのは、「「戦争体験」のジェンダー化された序列」（第1章図1‐1参照）にあてはめたときに浮かび上がる「聖女」ジャンヌの役割である。ジャンヌ・ダルクを利用した「男らしさ」への訴えかけは「A男性の戦闘体験」と「B男性の従軍体験」の間の境界線を曖昧化する役割は果たさず、むしろ「A男性の戦闘体験」の特権性を強調する役割を担わされている。先述した第一次世界大戦版『星条旗新聞』のイラストに表れているように、甲冑に身を固め、剣を構えたジャンヌ・ダルクは、あくまで戦闘で深く傷ついた男性（戦場墓地）のために降臨するのであり、ここに「ふしだら」なフランス人女性という「性的空想《ファンタジー》」が入り込む余地はない。つまり、フランスを「女性化」する「ジャンヌ・ダルク」像は「戦争体験」の序列の曖昧化（「戦争目的のセクシュアル化」）の役割を果たさず、むしろ序列の厳格化（「戦争体験の神話化」）のために用いられているのである。

「フランスの軍事的な名声を依然として守りながらフランスを女性化する」ことを可能にする「ジャンヌ・ダルク」像は、一九二一年八月に開始された在郷軍人会の第一回巡礼事業においても、戦闘体験者の「男らしさ」の象徴として利用されることになる。次節では、その巡礼事業を検討する。

3　「男たち」の在郷軍人会巡礼――一九二一年

（1）「聖地」再訪と「一次的郷愁」

「在郷軍人会巡礼（American Legion Pilgrimage）」は一九二一年に実施されたものがはじめてであり、全国本部の役員がフランス政府から正式な招待を受け（図3－1参照）、各州支部に参加を呼びかける形で実施され

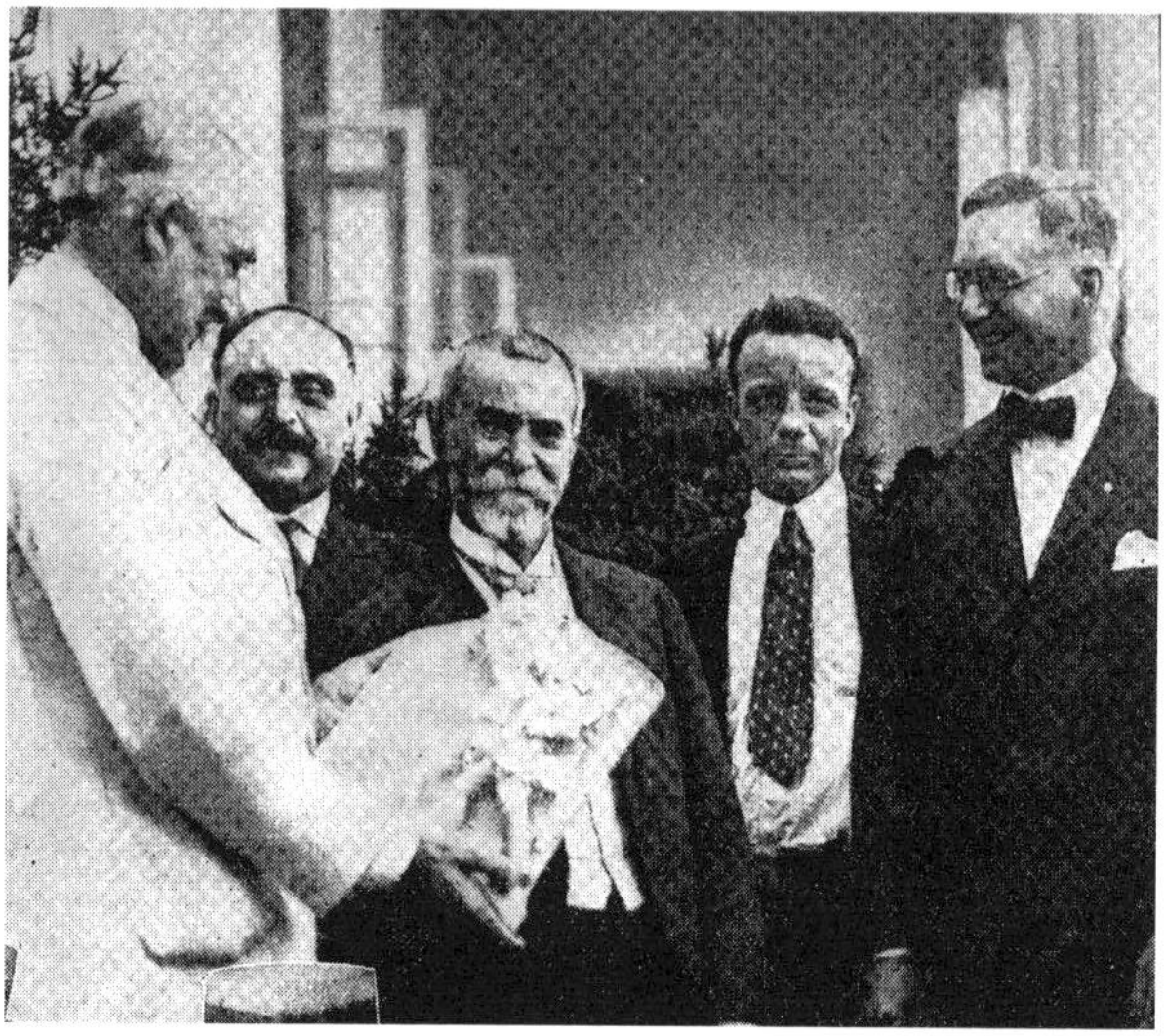

図 3-1　フランス大使館のジュスラン大使（中央）から式典参加の招待を受ける在郷軍人会全国司令官J・エメリー（右端）。エメリーの隣に立つ人物は、在郷軍人会創設者であるT・ローズヴェルト・ジュニア。左端の人物はハーディング大統領（*ALW*, July 22, 1921）。撮影場所は記されていないが、「ホワイトハウスにて」招待状贈呈式が行われたとの説明が前週号に記載されており、その際の写真であると思われる（*ALW*, July 15, 1921）

た。巡礼実施は「フランス戦場で戦ったアメリカ人とフランスとの友情を麗しきものにするばかりでなく、世界的に重要な仏米親交を促進する手段ともなる」のだと機関誌上で宣言されていた（*ALW*, July 15, 1921）。

渡仏する会員の総数は約二五〇人であり、本部役員約五〇人と各州支部ごとに選抜された代表者約二〇〇人から構成されることになっていた。各支部の代表者数は支部会員数に基づく割り当て制であり、大支部はより多くの代表者を巡礼に参加させることが可能であった。その一方で、全国本部は「各州支部から最低でも一人は」代表者を渡仏させるよう機関誌上で要請しており、あくまで全米の代表者たちから成る巡礼団を送り出したかった本部側の姿勢が窺える（*ALW*, July 15, 1921; *Salt Lake Telegram*, July 20, 1921）。ただし、旅費は参加者自弁で約八〇〇ドルであり、公務員の年平均所得が一三〇〇ドル程度であった一九二一年当時にあっ

表 3-1　1921 年巡礼の旅程

日付	スケジュール
8 月 3 日	ニューヨーク発
8 月 10 日	シェルブール着
8 月 11 日	パリにてフランス当局者を訪問、公式歓迎会に出席
8 月 13 日	ブロワにてジャンヌ・ダルク像除幕式に出席
8 月 15 日	ピレネー、タルブにてフォッシュ元帥の生家に青銅碑を設置
8 月 19 日	ストラスブールにて観兵式、公式歓迎会に出席
8 月 22 日	フリレにて記念碑除幕式に出席
8 月 25 日	ランスにてカーネギー財団の寄付金贈呈式に出席。シャトー・ティエリにてマルヌ川に架ける橋の礎石を据える
8 月 26 日	パリの無名戦士の墓にて追悼式に出席
9 月 11 日	ニューヨーク着

出所：*ALW*, August 5, 1921 より筆者作成。

て極めて高額であった。[2]

加えて、表３‐１に表れているように、一九二一年巡礼は主にフランス政府側が用意した式典に出席することに重点が置かれており、アメリカ独自の戦没者追悼式典などは特に設定されていない。その理由は前節でも確認したように、当時のアメリカ軍戦場墓地は「あの地獄を生き抜いた軍人であれば……誰しも目にしたくない」作業（遺体の掘り起こし）が至る所で実施されている最中であったためであろう。[3]

アメリカ軍戦場墓地を主要な目的地にすることができない以上、在郷軍人会全国本部は墓地訪問以外の方法で巡礼の事業形式を整える必要があったのであり、その形式の第一がフランス政府が提供する数々の式典であった。巡礼団が渡仏する直前にあたる、一九二一年七月二九日付けの在郷軍人会機関誌では、二一年巡礼事業のあり方が以下のように提示されている。

約六週間に及ぶ旅程を通して、在郷軍人会の代表

> 者たちは一つの大きな家族のようになります。戦時中の軍隊階級に基づく差別は一切ありません。将軍であろうが元兵卒であろうが、フランスで行われるアメリカ人のための式典のなかでは、同じ名誉にあずかることができるのです。代表者の大多数を占めるのは、アメリカ遠征軍の一員として従軍し、負傷した経験のある男たちです。（*ALW*, July 29, 1921, 強調は引用者）

つまり、全国本部が規定する事業のあるべき姿とは、従軍体験と戦闘体験を兼ね備えた「男たち（men）」の戦場巡礼――「「戦争体験」のジェンダー化された序列」の中核である「A男性の戦闘体験」を持つもののための西部戦線巡礼――であった。さらに、巡礼団帰国後、在郷軍人会機関誌に掲載された事業報告記事（一九二一年九月三〇日付け）は、一九二一年巡礼のあり方を以下のように説明している。

> 最も素晴らしい式典すら、相対的に取るに足らぬものと感じてしまう人間とは、つまり、彼自身の聖地を再訪する必要性を感じている人間なのです――聖地とはすなわち、突撃前夜に体を横たえた懐かしい塹壕や、納屋に毛布を敷いただけという代物でも贅沢に見えたし、事実贅沢だった兵舎や、自分が所属する部隊が占領した破壊された町や、自らが被弾した場所や、機銃掃射を浴びて戦友が命を落とした丘、彼は兵士らしく神の元へと旅立っていった。……これらのものこそが、戦場を訪れた巡礼者たちの前に最も大きく立ち現れる物事の本質なのでした。（*ALW*, September 30, 1921）

すなわち、在郷軍人会全国本部が提示する巡礼の第二のあり方は、従軍体験のある退役軍人による

「聖地」再訪――かつて「ワーナー・ゴーバック」氏が単に「フランス再訪」と呼んでいたもの――であった。

こうした「巡礼者」イメージは、巡礼団を率いる本部役員にも一定程度投影されていた。たとえば、一九二一年度在郷軍人会全国司令官J・エメリー（以下、「エメリー司令官」と略記）は、ミシガン州グランドラピッズ在住の不動産業者であり、戦時中には第一師団に所属してフランスへ従軍した少佐であった。エメリー司令官は、カンティニの戦い、サン・ミエルの戦い、ムーズ・アルゴンヌの戦いといった、アメリカ軍によって担われた主要な戦闘の多くに参加した経験を持ち、そのなかで砲撃による戦傷を負った経歴も持つ将校であったため、在郷軍人会の長たるにふさわしい「類い稀なる」貢献を国家に対して行った人物であると在郷軍人会機関誌上では評されていた（*ALW*, July 1, 1921）。先述した巡礼団帰国後の事業報告記事には、エメリー司令官が彼の「聖地」を訪れた際の様子が写真付きで以下のように詳細に記されている（図3-2参照）。記事によれば、巡礼実施中に式典の合間を縫って「自由時間を確保した司令官は……フランス人記者によって執拗につきまとわれながら、茨道と何マイルも格闘したあげく、ついにあの場所、すなわち〔戦時中に〕ドイツ軍の榴弾に当たって〔負傷し〕第一八歩兵〔連隊〕第一大隊の指揮を執ることがこれ以上できなくなってしまった場所に辿り着くことができたのでした」（*ALW*, September 30, 1921）。

以上の議論からも明らかであるように、全国本部が称揚する一九二一年巡礼のイメージとは、戦場で傷ついた「男たち」が自らの「一次的郷愁」に基づいて「聖地」を再訪するというものであった。なお、表3-1に表れているように、二一年巡礼の旅程のなかには、「フリレ」や「シャトー・ティエリ」といったアメリカ軍兵士にとって思い出深い戦場（「第一の戦場」）での式典だけではなく、アメリカ軍の兵站病院所在地

図 3-2　ムーズ・アルゴンヌ戦場にて、ドイツ軍の砲撃を受けて自身が負傷した場所に辿り着いたエメリー司令官（*ALW*, September 30, 1921）

（「第二の戦場」）であった「ブロワ」での「ジャンヌ・ダルク像除幕式」も含まれていた。フランス政府がブロワを式典開催地の一つに選んだ意図は明らかではない。明確なのは、「従軍し、負傷した経験のある男たち」による「名誉」の巡礼を謳う在郷軍人会にとって、ブロワの式典で重要性を持つのはジャンヌ像だけであり、戦時中に「国に命を捧げた看護婦たち」（第2章第5節参照）の貢献は重要視されていなかったということである。

ブロワにて刊行された記念パンフレット（図3-3参照）には、「一〇時四五分、在郷軍人会の役員と会員を乗せた特別列車がいつになく時間通りに駅に到着。米仏両国の国旗で彩られた特別室と一等客車から成る列車がゆっくりと速度を落とすなか、ブロワ市民楽団が「星条旗」を演奏」といった当日の式の詳細が記録されている。パンフレットによれば、ブロワの式典では、エメリー司令官によるスピーチ――「アメリカはフランスを忘れておらず、今後も決して忘れることはないだろう」――が行われ、また、銅像を除幕する際には戦時中を彷彿とさせる伝書鳩を放って在郷軍人会会員を喜ばせるという趣向も取り入れられていた。さらに、同パンフレットには、式典当日にフランス人歴史家G・アノトーが行ったスピーチ（在郷軍人会会員への謝辞）の内容が以下のように記録されている。

一四二九年のブロワでは、自らの義務を果たし、事あらばもう一度同じ義務を果たさんとする軍人たちがジャンヌ・ダルクを取り囲んでいましたが、今回彼女を取り囲むそのような軍人こそがアメリカ在郷軍人会会員なのです。……在郷軍人会会員がこの「出陣の地」[4]を訪問した所以はここにあります。彼らは共に生きる者の証であり、友情の証であり、そして兄弟愛の証でもある、彼女の銅像を送り届けてくれました。このフレンチ・ガール〔ジャンヌ・ダルク像を指す〕と共にやって来た彼らは、フランス人を感動させ、そしてそのフランス人の心が今ここに応えます――在郷軍人会会員に感謝を！

(Hanotaux circa 1921: 30-8)

図3-3 記念パンフレット「ジャンヌ・ダルク像除幕式――アメリカ在郷軍人会のブロワ訪問」の冒頭に掲載されたジャンヌ・ダルク像の写真（Cardonne, circa 1921）

在郷軍人会会員をジャンヌ・ダルクを取り囲む中世の軍人になぞらえる式典の言説は、在郷軍人会の「兄弟愛」ないし男性性を強調する。[5]「「戦争体験」のジェンダー化された序列」（第1章図1−1参照）に基づいて考察すれば、ブロワの「ジャンヌ・ダルク像除幕式」が果たした役割が序列の厳格化（「戦争体験の神話化」）であったことが明らかになるだろう。先述したように、ブロワの式典で在郷軍人会を代表してスピーチを行ったのは「負傷した経験のある男」であるエメリー司令官であり、ゆえに崇拝対象としての「A男性の戦闘体験」の価値は高められる。その一方で、従軍看護婦をはじめとする多数の女性従軍体験者の「戦争体験」（「D女性の従軍体験」）はひたすら周縁化され、等閑視されていったのである。

ただし、一九二一年巡礼は、「これ以上ないほどに最悪の精神的影響」を参加者にもたらしたと報告される事態を招いた。記録によれば、巡礼団を率いる全国本部側は、「三人の在郷軍人会の元主導者（三四人合同委員会出身の本部役員を指す）を、どうしても特別に名誉ある地位に置いておかなければならない」と考えたため、彼らを中心とする本部役員が「最上の自動車や最上の宿泊施設を独占」し、「数々の勲章やメダルを授かった」。一方で、残りの州支部代表者は「後列を歩かされた。下働きをさせられた。粗末なベッドで寝かされたあげく、勲章は一つももらえなかった」という扱いを受けた。このような状況に不満を募らせた州支部代表者は「本部があらゆる祝典と歓迎を私物であるかのように独占した」ことは深刻な問題であるとして、巡礼中に抗議集会を開く事態にまで発展している。役職に基づく待遇差別は自発的市民結社である「在郷軍人会らしくない」として、新聞メディアからも強く非難されることとなった（James 1923: 224-6; *The New York Times*, September 20, 1921; *The Providence News*, September 20, 1921）。

表 3-2 1921 年巡礼の式典（パリおよびフリレ）における巡礼団の叙勲受章者一覧

叙勲受章者	在郷軍人会における役職	戦時中の階級（括弧内は所属）	フランスが式典で授与した勲章
M・フォアマン	本部役員（三四人合同委員会委員、パリ・コーカス執行委員会委員長）	大佐（第 33 師団）	レジオン・ドヌール勲章（オフィシエ章）
H・リンズリー	本部役員（三四人合同委員会委員長）	大佐（戦争保険局）	レジオン・ドヌール勲章（オフィシエ章）
F・ドーリエ	本部役員（三四人合同委員会委員、1920 年度全国司令官）	中佐（兵站部隊）	レジオン・ドヌール勲章（コマンドール章）
J・エメリー	本部役員（1921 年度全国司令官、巡礼団長）	少佐（第 1 師団）	レジオン・ドヌール勲章（コマンドール章）、戦功十字章
D・クーンツ	本部役員（巡礼団副長）	少佐（総司令部）	レジオン・ドヌール勲章（シュヴァリエ章）

出所：*The New York Times*, August 22, August 28, 1921 より筆者作成。なお、戦時中の階級・所属は在郷軍人会機関誌および Wheat（1919）を参照した。

（2）「失敗」の背景――州支部の反発

表3‐2は『ニューヨーク・タイムズ』の記事から一九二一年巡礼の式典を介して叙勲された者を一覧にし、在郷軍人会における彼らの役職、戦時中の軍隊階級と所属などを記したものである。二一年巡礼の実施にあたって、全国本部側が機関誌上で巡礼のあり方を以下のように説明していたことはすでに述べた。「戦時中の軍隊階級に基づく差別は一切ありません。将軍であろうが元兵卒であろうが、フランスで行われるアメリカ人のための式典のなかでは、同じ名誉にあずかることができるのです」（*ALW*, July 29, 1921）。この説明がいかに現実から乖離したものであったかは、表3‐2からも明らかであろう。彼ら五名の叙勲受章者は、全員フランスでの従軍体験を持つ退役軍人であるが、「戦争保険局」所属のH・リンズリーや、「兵

站部隊」所属のF・ドーリエは後方勤務の将校であり、戦闘体験のある「男たち」の巡礼というイメージは、「三四人合同委員会」出身の本部役員自身によって裏切られていたことになる。また、フランス政府が用意した式典を介して「名誉」の勲章を授与されたのは高位の本部役員のみに限られており、州支部代表者は一人も叙勲されていない。さらに、「将軍であろうが元兵卒であろうが……同じ名誉にあずかることができる」式典が執り行われるはずであったにもかかわらず、現実には叙勲されているのは少佐以上の位を持つ退役将校のみである。

特に新聞メディアの注目を集め、また支部代表者の不満も集めたのが、フリレの戦争記念碑除幕式における叙勲であり、式典に出席していた連合軍総司令官フォッシュ元帥が在郷軍人会全国本部のエメリー司令官に対して戦功十字章を与えた場面である。たとえば、一九二一年八月二二日付けの『ワシントン・ヘラルド』は、「フォッシュ元帥、在郷軍人会の司令官に自分の勲章を手ずから授与」と題した一面記事を掲載している。記事によれば、フェルディナン・フォッシュ元帥が自らの戦功十字章を上着から外し、在郷軍人会全国司令官ジョン・G・エメリー少佐に歩み寄り、少佐の襟に手ずからその勲章を留めつけたとき、フリレの戦争記念碑除幕式は「クライマックスを迎えた」のだという。「在郷軍人会の代表者たちをこれほどまでに興奮させた出来事は、全旅程のなかでも他になかった。フォッシュ元帥は、一命を賭して獲得した自らの勲章をアメリカ遠征軍の平時のリーダーであるエメリー司令官に譲り、そして彼を抱きしめるという劇的な行動をとったのだ」(*The Washington Herald*, August 22, 1921)。

ここでの在郷軍人会会員たちの「興奮」が喜びによるものではなく、むしろ怒りによるものであったことは、九月二一日付けの『ニューヨーク・トリビューン』の記事からも明らかであろう。同記事は、全国本部に抗議する匿名のニューヨーク州支部会員（文面からして、おそらく一九二一年巡礼参加者の一人）の声を以下のように伝えている。

エメリー司令官はジョン・G・エメリー個人として叙勲されたわけではなく、在郷軍人会全国司令官として叙勲されたのだと確信しています。我々は〔巡礼中に〕在郷軍人会の会旗とアメリカの国旗を携行していましたが、あの勲章はそのどちらかの旗に留めつけられるべきものであって、エメリー司令官の胸につけられるべきものではなかったのです。（*The New York Tribune*, September 21, 1921）

他方、M・ジェームズ（一九二一年巡礼実施時に全国本部の広報担当を務めていた人物）によって執筆された『アメリカ在郷軍人会の歴史』（一九二三年発行）のなかでは、全国本部役員であったジェームズ自身が以下のように誤りを認め、州支部代表者に対して「隠し立てせずに打ち明けていればよかった」と悔やんでいる。

今から振り返ってみると、あの時どうすればよかったのかがとてもよくわかる……今回の旅の実施に関して、アメリカ人は何の権限も持っていないのだと、隠し立てせずに打ち明けていればよかったのだ……エメリー司令官――彼は巡礼団を率いる人であり、皆の声を代弁する人だった。フォアマン氏、リンズリー氏、そしてドーリエ氏――今回出席した三人の在郷軍人会の元主導者〔三四人合同委員会出身者を指す〕を、どうしても特別に名誉ある地位に置いておかなければならないことは明白だった。ただし、旧世界ヨーロッパと新世界アメリカとでは、民主主義のあり方に対する考えの不一致があり、この不一致は名誉にかかわる事柄にすら及んでいた。思うに、あの時の旅にあてがわれていたのは、旧世界的な考え方だった。(James 1923: 225, 強調は引用者)

さらに、ジェームズは「公的な式典の手配はフランス側によってのみ行われており、式次第の詳細が我々に事前に知らされることは皆無だった」のだと説明し、本部役員によって「名誉」が独占されることになったのは本部の意図によるものでは決してなく、あくまでフランス側の責任であり、「旧世界的な考え方」が原因なのだと強調している(James 1923: 225)。

この説明が妥当なものであるかどうかは、検討の余地があるだろう。表3 - 2に表れているように、全国本部役員が「どうしても特別に名誉ある地位に置いておかなければならない」と考えていた三人の「元主導者」たち——M・フォアマン、H・リンズリー、F・ドーリエ——は例外なく勲章を授与されている。巡礼団を率いていた一九二一年度全国司令官——J・エメリー——も同様の名誉にあずかっている。表3 - 2から浮かび上がってくるのは、在郷軍人会全国本部側の考え方とフランス側の考え方の「不一致」ではなく、むしろほぼ完全なる「一致」である。[6]

ただし、全国本部役員による「名誉」の独占という、新聞メディアの注目を浴びやすい側面だけに注目するならば、一九二一年巡礼事業が抱えていたより重要な問題を見落としてしまうことになるだろう。州支部側の史資料を詳細に検討していくと、二一年巡礼の根本的な問題は、むしろ渡仏前の準備段階にあったことがわかる。すなわち、「名誉」ある「男たち」の巡礼は、州支部代表者の選出段階から深刻な構造的欠陥を抱えていたのである。

巡礼団渡仏前（一九二一年七月中）の各州支部側の動向を見ると、従軍体験さえあれば「差別は一切」なく、「同じ名誉にあずかることができる」事業という全国本部側が提示したイメージを、多くの州支部会員が当初はほぼ疑いなく受け容れていたことがわかる。特に、巡礼団の出発地に指定されたニューヨークの州支部では、「在郷軍人会の巡礼は多くの人々の心を魅了」し、州司令部の申込み窓口には「フランス政府の招待を受けた八月の在郷軍人会巡礼に参加するために、州内のありとあらゆる地域から申込みが非常に速いスピードで殺到」したという（*The New York Times*, July 11, 1921）。

他方、代表者選出の任に当たることになった各州支部が危惧していたのは、フランスで「名誉」にあずかるにふさわしい「代表者」を必要な数だけ適切に選んで送り出すことは、むしろ不可能なのではないかという点であった。全国本部側の計画では、渡仏する支部代表者の総数は二〇〇人であり、支部会員数に基づく割り当て制を用いて、全州支部から代表者を送り出す予定であったことはすでに述べた。ただし、現実の一九二一年巡礼団は、「各州支部から最低でも一人は」参加する全米代表とはほど遠い集団であった。表3-3は、在郷軍人会機関誌上に掲載された代表者名簿を用いて、一九二一年巡礼への州支部参加者の内訳を示したものである。ここに表れているように、一六もの州が代表者を一人も送り出しておらず、そのなかには二万人近い会員を抱える大支部であるネブラスカ州も含まれていた。

また、たとえ代表者を送り出していたとしても、全国本部から通達された割り当て人数を満たすことができていたとは限らない。在郷軍人会機関誌に各州支部の割り当て人数は掲載されていないため一覧することはできないが、当時の地元新聞で確認する限り、ニューヨーク州支部（割り当て人数一六名に対して、送り出した人数は一二名）、マサチューセッツ州支部（割り当て人数一〇名に対して、送り出した人数は五名）、ジョージ

表 3-3 1921 年巡礼における州支部参加者の内訳（単位：人）

	参加者数	支部会員数		参加者数	支部会員数
アラバマ	5	3,246	モンタナ	1	7,004
アラスカ	0	670	ネブラスカ	0	19,365
アリゾナ	0	2,733	ネヴァダ	0	1,262
アーカンソー	3	4,485	ニューハンプシャー	0	6,059
カリフォルニア	5	35,524	ニュージャージー	1	21,796
コロラド	0	7,510	ニューメキシコ	0	2,137
コネティカット	1	7,174	ニューヨーク	12	75,009
デラウェア	3	767	ノースカロライナ	1	7,308
ワシントン D.C.	1	4,648	ノースダコタ	1	9,667
フロリダ	0	4,871	オハイオ	12	44,470
ジョージア	1	2,914	オクラホマ	3	16,701
ハワイ	0	1,111	オレゴン	0	9,981
アイダホ	0	3,426	ペンシルベニア	10	61,534
イリノイ	3	59,089	ロードアイランド	1	3,548
インディアナ	12	27,156	サウスカロライナ	0	4,345
アイオワ	0	42,471	サウスダコタ	2	14,237
カンザス	9	24,611	テネシー	0	8,225
ケンタッキー	2	10,925	テキサス	3	20,049
ルイジアナ	1	7,264	ユタ	2	1,863
メイン	4	8,265	ヴァーモント	5	5,365
メリーランド	0	4,744	ヴァージニア	0	7,260
マサチューセッツ	5	43,861	ワシントン	6	14,323
ミシガン	12	27,475	ウェストヴァージニア	11	8,977
ミネソタ	1	29,695	ウィスコンシン	2	26,051
ミシシッピ	2	4,817	ワイオミング	2	2,584
ミズーリ	2	23,320	合計	147	791,892

出所：*ALW*, August 19, 1921 などより筆者作成。

ア州支部（割り当て人数三名に対して、送り出した人数は一名）のように、通達された割り当てを満たすことができなかった支部の事例が目立つ（*The New York Tribune*, July 10, 1921; *The Boston Daily Globe*, July 24, 1921; *The Atlanta Constitution*, July 9, 1921）。

インディアナ州支部のように割り当て人数を上回る代表者を送り出した事例（割り当て人数七名に対して、送り出した人数は一二名）も存在するが、これは他の州支部の不足分を補うための例外的措置であろう（*The Indianapolis Star*, July 12, 1921）。ユタ州支部の事例について報じた『ソルトレーク・テレグラム』によれば、二名の送り出しを割り当てられていた同州支部はすでに代表者の選出を完了していた。しかし、七月中旬に全国本部から電報が入り、他の州支部の「失敗（failing）」を補うためにユタ州の代表者を急遽五名に増員せよとの指示を受けたという。表3-3にも表れているように、この唐突な増員は成功せず、ユタ州支部は当初の予定通り「二名の代表者のみが参加するということになってしまった」のだという（*Salt Lake Telegram*, July 20, July 26, 1921）。州支部代表者の実際の総数は一四七人であり、全国本部側の目標であった二〇〇人を大きく下回るものであったことも確認できる。[7]

「多くの人々の心を魅了」していたはずの一九二一年巡礼は、現実には多数の州支部が十分な参加者の動員に「失敗」していた巡礼であった。このような事態が引き起こされた背景を、全米最大の支部組織である、ニューヨーク州支部の事例から確認しておきたい。

ニューヨーク州司令部は、大手日刊紙として知られる『ニューヨーク・トリビューン』に「アメリカン・リージョン・ページ」と題した支部活動の報告記事を毎月第二日曜日に掲載しており、これが同支部の「公式機関誌」であると位置づけられていた。一九二一年七月一〇日付けの「アメリカン・リージョン・ページ」には、巡礼に参加する代表者の選出方法に関して、ニューヨーク州支部に所属する「有力な在郷軍人会会員たち」が発した以下のような不満の声が掲載されている。

〔在郷軍人会全国本部によって〕旅行計画が発表されてからというもの、本支部〔ニューヨーク州支部〕に所属する有力な在郷軍人会会員たちは、以下のように指摘してきました。ニューヨーク州支部に割り当てられた人数――一六名の退役軍人――を在郷軍人会代表者として選出することはおそらく不可能だ、なぜなら〔代表者には〕旅費の支払いが課せられることになるのだから、と。……こうした旅行に出かけることができるほどに裕福な人だからという、ただそれだけの理由で代表者に選ばれてしまうのであれば、そんなものが一〇万人近い退役軍人を会員として擁するニューヨーク州支部の真の代表者になり得るはずがないとの指摘も行われてきました。今回の旅は六週間にもわたるものであり、そのうち一七日間は洋上で過ごすことになります。在郷軍人会のために最も精力的に働いてきた多くの人々が、今回の旅に参加することは不可能でしょう。彼らには仕事上の付き合いというものがあるからです。他方、在郷軍人会をより良いものにするために日々こつこつと働いてきた数多くの人々も、行けるものなら行きたいのでしょうが、旅費が課せられるためにそれが不可能なのです。（*The New York Tribune*, July 10, 1921, 強調は引用者）

従軍体験があり、約八〇〇ドルの旅費を支払うことができる会員というだけのことであれば、ニューヨークほどの会員規模を持つ大支部の場合、代表者選出はさほどの困難を伴うことはなかったであろう。しかし、前記の公式機関誌記事にも表れているように、一九二一年巡礼が「真の代表者」によって担われる名誉ある戦場巡礼である限りにおいて、渡仏するのは在郷軍人会のために「働いてきた」会員――単に年会費を払っている者ではなく、州支部会員として優れた活動実績を持つ者――でなければならないという、州支部側の判断があったことが確認できる。結果として、ニューヨーク州支部が代表者として巡礼に送り出すことができたのは一二名のみであり、全国本部によって割り当てられた人数を下回るものであった（表3-3参照）。州支部の窓口に「非常に速いスピードで殺到」していた参加希望者のほとんどが、「こうした旅行に出かけることができるほどに裕福な人だからという、ただそれだけの理由」で申込みを行った人々――すなわち、経済的に恵まれた「ワーナー・ゴーバック」氏――であったのである。

本節において論じたように、フランス政府によって企画・立案された式典参加を主目的とする一九二一年巡礼においては、在郷軍人会会員自身が「〈策略〉としての「戦争の平凡化」」を推進して独自に事業展開を図る余地は皆無であった[8]。しかしながら、このことは、「「戦争体験」のジェンダー化された序列」の動態分析を行う上で、二一年巡礼には見るべきものが乏しいということを意味しない。一九二二年以降に企画される在郷軍人会の巡礼事業は、二一年巡礼実施の際に表出した支部会員の不満の解消という要素を多く持っている。この意味において、一九二一年巡礼事業は、在郷軍人会による「〈策略〉としての「戦争の平凡化」の過程」の出発点として位置づけることができるのである。

注

1　戦時中にヨーロッパで第二七師団（ニューヨーク州兵）を率いたJ・オライアン少将は、戦没者遺体の掘り起こしに反対する立場から、以下のような報告書を書き残している。「平均的な家族が「遺体」を返して欲しいと願うのは当然の成り行きです。故郷に帰ることになっている遺体は、文明化された社会に住む平均的な人々が想像するそれであり、とこしえの眠りにつくために丁重に扱われ、適切に着飾った上で棺に入れられ、可能な限り土と接触しないように保存されているとでも考えられているのでしょう。しかしながら、戦没兵の遺体というものは、エンバーミングもその他の処理も何もされず、発見時の状態そのままに埋葬され、さらに棺にも入れられていません。戦場には多くの遺体がまき散らされていたのであり、なかにはあまりに散り散りになりすぎてもはや判別不可能な状態になっていたものすらあるのです」（O'Ryan 1920: 45）。

2　当時の公務員の平均所得はU.S. Bureau of the Census（1975: 167）を参照。

3　事実、一九二一年巡礼実施中に、式典の合間を縫ってアメリカ軍戦場墓地を訪れることにした在郷軍人会会員（ニューヨーク州支部代表者）は、帰国後に以下のような戸惑いの声を記している。「アメリカ軍が占領していた頃とほとんど変わりない様子のアルゴンヌの土地を抜け……私たちはロマーニュのアメリカ軍墓地〔ムーズ・アルゴンヌ墓地〕へ赴いた。私たちはそこで追悼した。そこはとても美しい場所で、追悼するには理想的なところなのだが、掘り起こした遺体をアメリカに移送していることによって、墓地の様相は一変してしまっていた」（Dupuy 1921: 11）。

4　ロワール川沿いの町であるブロワは、一四二九年のオルレアン包囲戦の際にフランス軍が集結した地であり、戦いを前にしたジャンヌ・ダルクが軍旗を掲げたエピソードがよく知られている（Beaune 2004=2014: 214-22;

Pernoud and Clin 1986=1992: 83-4）。

5 モッセは「騎士道精神」に基づく表現が「戦争の平凡化」および「戦争体験の神話化」の双方において果たす役割を繰り返し強調する。たとえば「平凡化の過程」の典型であるとされる戦争絵はがきのなかでは、「兵士たちはしばしば騎士の姿をしていた」（Mosse 1990=2002: 141）。一方、「日常生活から乖離して持ち上げられた」戦争賛美の局面すなわち「戦争体験の神話化」の過程においても、「中世的イメージ」は重要な役割を果たしているのであり、「ゴシック聖堂にある中世の騎士や諸侯のような姿」をした兵士のモニュメントや「中世風の衣装をまとった」女神の戦争記念碑が用いられたという（Mosse 1990=2002: 106-7）。「そうした騎士イメージによって近代戦争は、より幸福で健康的な世界への憧憬に同化され統合された」のだとモッセは結論づける（Mosse 1990=2002: 127）。

6 なお、一九二一年の在郷軍人会巡礼団は、フランスでの式典がすべて終了した後、八月二八日から二九日にかけてベルギーに立ち寄っている。その際ブリュッセルで行われた式典では、エメリー司令官をはじめとする本部役員に対して勲章が授与されただけではなく、インディアナ州支部代表者であるG・シークリストとL・ダウンハムに対してもメダルが授与されている。在郷軍人会全国本部はこの事実を機関誌上で取り上げて宣伝していたが（*ALW*, September 30, 1921）、これはシークリストとダウンハムが、本部が称揚する「巡礼者」イメージ——従軍体験と戦闘体験を兼ね備えた元負傷兵——に完全に合致した人物であったためであろう。また、彼ら二人の存在を取り上げることによって、一九二一年巡礼で「数々の勲章やメダルを授かった」のは全国本部役員だけではないという点を強調したい意図もあったものと思われる。

7 新聞報道によれば、「抗議集会」に参加した者の数は七八人であった（*The Los Angeles Times*, September 23, 1921）。

これは本部役員を除いた巡礼参加者の約半数にあたる。

8 ただし、フランス滞在中の宿泊施設の確保は在郷軍人会によって独自に行われた。このとき、在郷軍人会全国本部から「ツアー・マネージャー」の肩書きを与えられて宿泊手配を行ったのが、ヴァージニア州支部の創設者の一人である退役軍人J・ウィッカー・ジュニアであり（*ALW*, September 30, 1921）、彼は一九二二年以降の在郷軍人会の戦場巡礼事業のなかで中心的役割を果たしていくこととなる。

第4章　戦場巡礼の変容
――「理想の絶え間ない再聖化」のために（一九二二年〜一九二四年）

1　アメリカ人による戦後フランス観光

本章では、一九二二年から一九二四年にかけての在郷軍人会に注目する。休戦協定締結から三年以上が経過し、フランス戦場の景観が大きく様変わりしていくなかで生じた、在郷軍人会とフランス戦場のかかわり方の変化、および、在郷軍人会におけるフランス戦場巡礼／ツアーの担い手の変容などを明らかにする。なお、本章が扱う時期の検討にあたっては、フランス戦場の経年変化だけではなく、アメリカからフランスに赴く観光客の増減、および観光の担い手の変化もあらかじめ視野に入れておく必要がある。

図4-1は、一九一九年から二九年までのアメリカにおける海外旅行者数の増減を、アメリカ政府発行の統計資料に基づいて筆者がグラフ化したものである。[1] この図に表れているように、一九一九年（休戦協定締結の翌年）に一〇万人以下であったヨーロッパ方面への旅行者数は、一九二〇年（在郷軍人会機関誌上で「観光

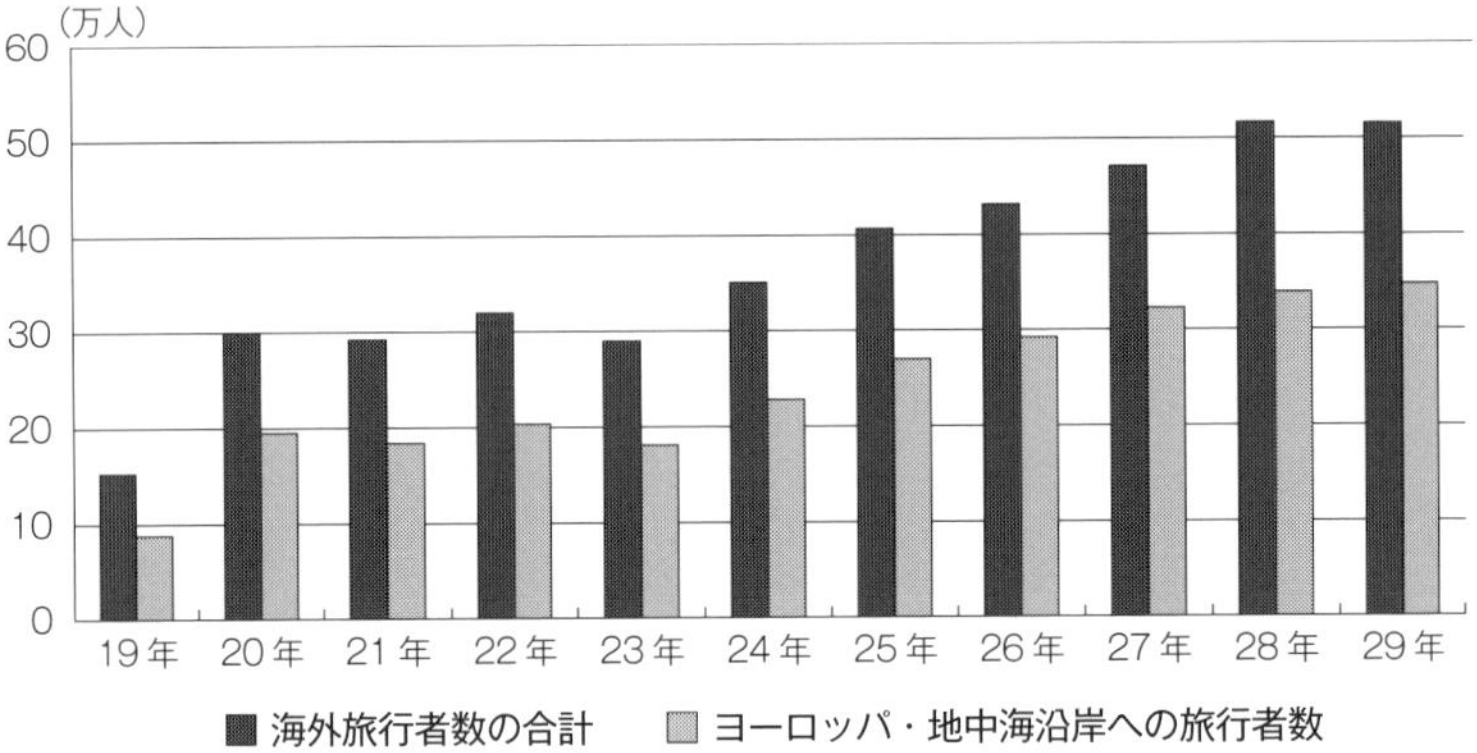

図 4-1　1919年から1929年までのアメリカにおける海外旅行者数の変遷
出所：U.S. Bureau of the Census（1975: 404）より筆者作成。

客」批判が開始された年）には二〇万人近くに増加するが、その後一九二一年から二四年にかけての旅行者数は二〇万人前後でほぼ横ばいのままであった。フランスを訪れるアメリカ人「観光客」の存在が、在郷軍人会において「真の巡礼者」概念が称揚される契機となっていたことは前章にて指摘したが（第3章第1節参照）、本章が分析対象とする時期はその「観光客」の数自体が伸び悩みを見せていた時期であった。また、本章第4節において後述するように、東欧および南欧からの移民を制限する新たな法律の制定によって、大西洋航路を利用する旅行客層に大きな変化が生じたのもちょうどこの時期であった。各汽船会社は移民向けの最下等船室を廃止し、それらを安価な「観光客用三等船室」へと模様替えした上で、ヨーロッパ旅行に憧れを持つ新興ミドル・クラスのアメリカ人に向けて大々的に売り込んでいったのである。

H・レヴェンシュタインによれば、この過程で生じたのが、フランスを訪れるアメリカ人女性観光客の増加であった。「一九二〇年代を通して、フランスを訪れるアメリカ人女性は飛躍的に増加した。……二〇年代中頃までには、夏期にヨーロッパを訪れるアメリカ人観光客の六〇パーセント以上を女性が占めると見込まれるほどになっていた」（Levenstein 1998: 245）。すなわち、一九二〇年代前半当時、アメリカからフランスへ向かう観光客数自体は伸び悩んでいたにもかかわらず、そのなかで女性が占める割合は増加の一途を辿っていたのである。また、レヴェンシュタインは、これらのアメリカ人女性観光客の客層が、戦前とは明らかに異なっていたことを以下のように説明する。

一九二〇年代には、フランスに赴いた女性が行うことが、かつてとは明らかに異なってきていた。今やフランスを訪れる女性のほとんどが新興ミドル・クラス、すなわち、最近裕福になった実業家ないし専門家の妻や娘で、比較的無頓着な女性たちだったのだ――フランスで上流社会の「教養」を必死になって追い求めていた、かつてのアッパー・ミドル・クラスの女性たちとはちょうど正反対である。……それゆえ、これら新興ミドル・クラスの女性たちがヨーロッパ、とりわけフランスを訪れたときには、上流文化が果たす役割はどんどん弱々しいものになっていった。上流文化は、フランスで過ごす「楽しい時間」から過酷な競争を挑まれることになったのだ。（Levenstein 1998: 245-6）

アメリカ人女性観光客がフランスで「楽しい時間」を過ごすために訪れる目的地は（戦場ではなく）パリに集中していた。レヴェンシュタインは、シカゴの女性実業家クララ・ラフリン（戦間期アメリカにおいて、女性向けフランス観光を指南した人物）が残した旅行ガイドブックやラジオ放送のスクリプトを参照しながら、一九二〇年代パリにおけるミドル・クラスのアメリカ人女性の観光旅行の典型的なあり方を以下のように描き出してみせる。

ほとんどのミドル・クラスの観光客が、アメリカでもオペラなど見たことがなかったのだから、パリでそんなものに挑まなければならない所以もなかった。彼女たちはただ、オペラ座の建物を眺めて素晴らしいなあと思い、その次には、豪奢な店に行くために今や「アメリカ人観光旅行のメイン・ストリート」と呼ばれるようになった近くのラペ通りをぶらぶらする……ほとんどのミドル・クラスの女性にとって、通りに面したエレガントなお店は、ほぼウィンドウ・ショッピングのためだけにそこに建っているという代物である。「世界中のお金を掻き集めてきたって、窓の向こう側のこれだけの宝石を買えるわけないわよね?」と、クララ・ラフリンはパリを題材にした「ラジオ旅行」のなかで語りかける。「洋服なら全部買えるのかも――やれやれ、あーあ!」。彼女たちにとって最も楽しい行為であるショッピングは、他の場所で行われた。ギャラリー・ラファイエットやオ・プランタン……こちらは既製服を売ってくれるので、今では人気が高いデパートになったのだ。(Levenstein 1998: 247)

上流文化を中心に据えることを放棄し、パリで過ごす「楽しい時間」を正当化する、こうした新しい観光旅行のあり方こそが、一九二〇年代アメリカにおけるミドル・クラスの男女の快楽主義的な態度と一致していたのだと、レヴェンシュタインは述べる。[2]

一九二一年巡礼の課題を踏まえて、一九二二年に在郷軍人会全国本部によって新たに企画・実施された「第二回巡礼(Second Pilgrimage)」(以下、「一九二二年巡礼」と表記)では、営利企業に旅行手配を委託し、また女性在郷軍人会会員にも参加の門戸を開くなど、同会の巡礼事業が一定の変化を遂げていった（本章第3節参照）。その背景として、前記のような観光市場の動向を視野に入れておくことが不可欠である。

2 「思い出」と化すフランス戦場

一九一八年末の休戦協定締結から三年を超える歳月が経過したことを一つの区切りとして、一九二二年以降の在郷軍人会の機関誌上には、フランスとの距離感を嘆く声や、従軍中の思い出の場所がなくなってしまったことに戸惑う声が増えていくこととなる。たとえば、一九二二年七月一四日付けの在郷軍人会機関誌には、「七月一四日」（すなわち、フランス革命記念日）と題した機関誌記者の論説記事が以下のように掲載されている。

我々のほとんどにとって、フランスは三年前の思い出と化しています。我々の思考は国内問題に据え置かれてきましたし、現在もそうなっているわけですが、それというのも日常的な関心事が大なり小なり存在しているからなのです。広い意味でも、狭い意味でも、我々は再び家庭人となったのです。関税や、陸海軍の規模や、次回の選挙について考えていないときには（我々の大多数は、こうした事柄についてあまり、というよりほとんど、考える時間を割いていないのですが）、明日の天気や、ガソリンの値段や、今度の土曜日の午後の予定、そして次に食べる食事の内容について考えているのが常なのです。こうした事柄こそが、我々の胸にこたえるもの――つまり、我々が慣れ親しんでいるものです。そしてフランスは――フランスはあまりにも、あまりにも遠いのです。(*ALW*, July 14, 1922)

「フランスはあまりにも、あまりにも遠い (France is very, very far away)」とは、大西洋を隔てた空間的距離感だけでは無論なく、「三年」という時間経過に伴う距離感をも指し示している。フランスがどれほど遠くとも自助努力で自分自身の「聖地」へと出かけて行き、しかも「観光バスに乗り込むようなことは」せず、さらにどんなに景観が変化していたとしても「まるで昨日の出来事のように」戦場風景を思い起こすことができる能力を持つのが、在郷軍人会が称揚する「真の巡礼者」であったはずであるが (第3章第1節参照)、こうした理想論の限界が露呈しはじめたのが、一九二三年以降の時期であった。

たとえば、一九二三年九月一四日付けの機関誌記事では、かつてアメリカ軍が戦った戦場の現在の様子が、従軍記者のフレデリック・パーマーによって以下のように報告されている。「私がアルゴンヌを再訪したとき、ここで戦った経験を持つ退役軍人であれば誰もが懐かしむものに出会った。雨だ。加えてそこら中が泥だらけだったが、これは驚くべきことでもないだろう。ただし私は、雨が降り注ぐ泥の上に横になって、さらに懐かしい気分にひたる気はなかった。ヴェルダンに建てられた観光客用ホテルが、この種のやや過剰なリアリズムを取り除いてくれるのだ」(*ALW*, September 14, 1923)。さらに時間経過に伴う景観変化は、男性兵士が戦った「第一の戦場」だけでなく、看護婦が従軍した「第二の戦場」にも及んでいた。アメリカ政府は遺族から返還要求のあった戦没者遺体の本国移送を一九二二年までに完了させ、残りの遺体 (約三万人の戦没者遺体) についてはヨーロッパに設置された八つのアメリカ軍戦場墓地に集約して再埋葬することとした。

これによって、かつては兵站病院跡に設置されていた病院戦没者埋葬地が消滅するという事態が生じたのである。「「戦争体験」のジェンダー化された序列」（第1章図1‐1参照）に基づいて考察すれば、従軍看護婦の「第二の戦場」の痕跡（病院戦没者埋葬地）を消滅させる一方で、男性兵士の「第一の戦場」の痕跡（戦場墓地）は恒久化していくこととしたアメリカ政府の手法は、まさに「A男性の戦闘体験」を最も価値あるものとして崇拝対象とする「戦争体験の神話化」を推し進めるものであった。[3] この手法によって、「D女性の従軍体験」（従軍看護婦の看護体験）は不可視化・周縁化されていったのである。

たとえば、一九二三年九月二一日付け在郷軍人会機関誌には、ニューヨーク州在住の在郷軍人会会員（文面からして、従軍経験および入院経験のある退役軍人）から、以下のような問い合わせが寄せられている。

私はフランス、アルレの第二六兵站病院にて七週間にわたって入院していました。あの病院で亡くなった人々のための埋葬地は最終的にどこへいってしまったのでしょうか？

ギルバート・J・トン　ニューヨーク州、クライマー

〔以下、編集者の回答〕病院の近くにあった墓地は、第二六兵站病院で亡くなった人々の遺体を一時的に埋葬しておくためのものでした。本国移送されなかった遺体はムルテ・モーゼル県ティオクールにあるサン・ミエル墓地に恒久的に移されましたし、アルレの墓地の跡地はフランス政府に返還されました。

（*ALW*, September 21, 1923）

編集者の遠回しな回答を端的に言い換えれば、つまり、「あの病院で亡くなった人々のための埋葬地」は

もはやどこにも存在しないのである。戦没者追悼記念日に「アルレの小さな墓地に残されて眠っている五名の女子たちのことを思って」いるとの手紙を、一九二一年五月二〇日付け機関誌投稿欄に寄せた匿名の看護婦がいたことはすでに述べたが（第2章第5節参照）、彼女が思いを馳せる墓地はその二年後には早くも消滅していたことになる。

一方で、約三万人の戦没者遺体が恒久的に埋葬されることになった八つのアメリカ軍戦場墓地（イギリスに一カ所、ベルギーに一カ所、残りの六カ所はフランス）も完成にはほど遠い状況にあった（墓地所在地の詳細は図4 - 2参照）。一九二二年から二四年にかけての段階では、他の墓地から移送されてきた遺体の埋葬作業が進行中であり、またこれらの墓地にもともと埋められていた遺体についても敷地内に点々と取り残されることがないように整列させて再埋葬を行う必要に迫られていた。L・ブドローが論じているように、遺族から返還要求のあった遺体のみを掘り起こして本国に移送したことによって敷地内の墓がまばらになってしまい、戦場墓地の景観にとって極めて重要な要素である等間隔の十字架配置が崩れてしまったためである（Budreau 2010: 123）。さらに、敷地内の歩道の整備や樹木の設置も不十分であった。在郷軍人会機関誌上では（おそらくは、あからさまな政府・陸軍批判を避けるために）この問題について触れられることがなかったが、一般の新聞メディアでは他の連合国の戦場墓地に比して明らかに見劣りするアメリカ軍戦場墓地の「痛ましい」現状が暴露されている。一九二三年一〇月七日付けの『ニューヨーク・タイムズ』は、フランス北部に位置するエーヌ県ベロー（アメリカ海兵隊の初戦地として知られる「ベローの森」の所在地）に建てられたアメリカ軍戦場墓地である、エーヌ・マルヌ墓地の現状を以下のように伝える。

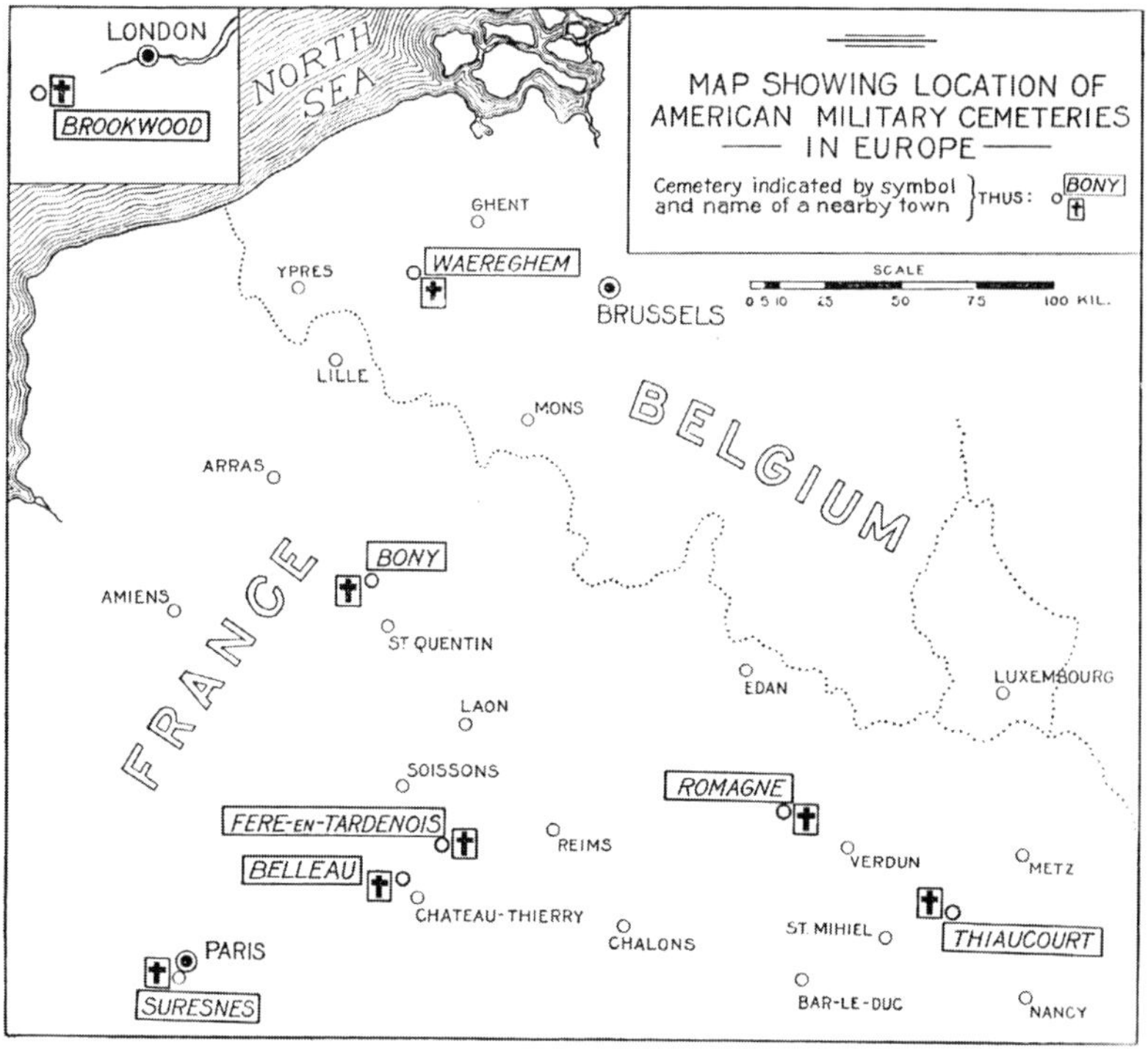

図 4-2 第一次世界大戦アメリカ軍海外戦場墓地の地図
地名（地図上表記）と墓地名との対応は以下の通り。ブルックウッド墓地（Brookwood）、シュレンヌ墓地（Suresnes）、エーヌ・マルヌ墓地（Belleau）、オワーズ・エーヌ墓地（Fere-en-Tardenois）、ムーズ・アルゴンヌ墓地（Romagne）、サン・ミエル墓地（Thiaucourt）、ソンム墓地（Bony）、フランドル戦場墓地（Waereghem）（American Battle Monuments Commission 1927）

フランスからの報告によれば、ベローの森の墓地〔エーヌ・マルヌ墓地を指す〕は、あらゆるアメリカ人墓地のなかでおそらく最も後進的、なおかつ、最も感動を呼び起こさない墓地であるそうだ。パリ‐フランス間のハイウェイからそこに辿り着くために用いる道はひどい路面状況で、雨の日には事実上通行不可能になる。墓地は地肌がむき出しでほとんど草が生えておらず、常設歩道もなく、木も植えられていない。あたかも「発掘のために立ち退かされた巨大施設の跡地」のように見えると言われている。そこからそう遠くない場所にあるのが、際立って美しく映えるイタリア軍の墓地。対照的な両者の姿が痛ましいという。（*The New York Times*, October 7, 1923）

他方、在郷軍人会機関誌上では、フランスにおけるアメリカ軍戦場墓地はあくまで「神聖なる」場所と位置づけられていた。「勇者たちはいかに眠れるか」と題した一九二三年一月一二日付けの機関誌記事の説明によれば、墓地整備作業の進捗状況が一切公表されてこなかったのは、同作業が「あまりにも神聖である」ためなのだという。

我々はすでに承知のことですが、この作業〔墓地整備作業〕に関するいかなる情報公開も行われてこなかったのは、墓地登録部隊〔戦場墓地の整備を担当する陸軍部隊〕が携わる作業はあまりにも神聖であるがゆえに、単なる物好きな連中の詮索を撥ねつける必要があるからという、同部隊の立派な努力のせいであったのです。あまりにも神聖なる作業、かつ、不真面目な傍観者が介在する余地など一切ない作業であるがゆえに、厳しい規範が維持されてきたのです。（*ALW*, January 12, 1923）

このような状況のなか、一九二二年から二三年にかけての在郷軍人会機関誌の投稿欄では、一つの議論が盛り上がりを見せている。「神聖なる」整備作業が進行中であるフランスの「ベローの森の墓地」――「あらゆるアメリカ人墓地のなかでおそらく最も後進的、なおかつ、最も感動を呼び起こさない墓地」であるとの烙印を押されるような惨状にある墓地――に、毎夕葬送ラッパを吹奏する「ラッパ手」を置いてはどうかという議論である。議論のきっかけは、一九二二年一一月二四日付け機関誌に掲載された、機関誌記者による論説記事であった。記者によれば、この提案は在郷軍人会全国本部の独創ではなく、作家のアーネスト・プールの案が元になっているのだという。

なお、一九二二年一〇月二九日付けの『ニューヨーク・タイムズ』には「ベローの森の葬送ラッパ」と題された、アーネスト・プールの投稿文が掲載されている。このなかでプールは、ベローのアメリカ軍戦場墓地に戦争記念碑が建てられるという噂を耳にしたことに触れ、「その金〔記念碑建設費〕を使って現地にラッパ手を置くための基金を設立した方が、私にははるかによく思える」と語っており、在郷軍人会の機関誌記者はこの記事を参照したと思われる（*The New York Times*, October 29, 1922）。機関誌記者は、以下のように語る。

ベローにラッパ手を？

ベローの森の攻撃で命を落としたアメリカ人戦没者のために記念碑を建てるのではなく、その代わりに、現地にラッパ手を置いて毎夕葬送ラッパの調べを吹奏させるべきだという案が、作家のアーネスト・プールから提示されました。これは目新しさと美しさとを兼ね備えた案です。実際のところこのラッパ手は、石像やら銅像やらに我々が求める美徳をすべて体現してくれる上に、人間味というさらなる美徳をも併せ持っているのではないでしょうか? 記念碑は所詮、今現在の心情しか代弁してくれません。今日記念碑を建設することはできますが、その建設の元になった心情よりも記念碑の方がずっと長生きしてしまうことになるでしょう。しかしながら、もしラッパ手――このラッパ手は、ベローの戦いで負傷した経験のある退役軍人に限定しませんか?――が、毎夕ベローに立って葬送ラッパの調べを吹奏するならば、一九一八年六月のよく晴れ渡った朝に、あの有名なベローの戦場でアメリカの息子たちを戦いへと駆り立てていった理想、その理想の絶え間ない再聖化を意味する活動になるのではないでしょうか?（*ALW*, November 24, 1922, 強調は引用者）

「理想の絶え間ない再聖化」を新たに目指していくべきではないかと提案するこの機関誌記事のなかでは、その「理想」の内実が語られることはない。「アメリカの息子たちを戦いへと駆り立てていった」原動力であるとされる「理想」とは、「戦争を終わらせるための戦争」という戦時中の通念であったのか、あるいはその他の私的な理念であったのか、その内容は問わず、ただ「あの有名なベローの戦場」で危険な戦いに従事したという、前線兵士としての「美徳」だけが強調されるのである。ここで提示されているのは、明らかに「A男性の戦闘体験」賛美であり、「ベローの戦いで負傷した経験のある退役軍人」を他の従軍体験者とは異なる特権的な地位に据える「戦争体験の神話化」（すなわち、「「戦争体験」のジェンダー化された序列」の厳格化）のための提案であった。

機関誌上に提示された前記の提案は直ちに反響を呼び、翌々週の機関誌投稿欄には賛意を表明する会員からの手紙二通がすぐに掲載されている。イニシャル「TTW」を名乗るペンシルベニア州在住の会員は、前記の構想を拡大し、フランスに設置されているすべての墓地にラッパ手を置くべきだと勢い込んで主張する。「〔ラッパ手派遣のための〕基金をできる限り早く募ることに、私は心から賛成します。しかし、なぜベローに限定するのでしょうか？　年間費用の総額は――フランスに設置されているすべての墓地を含めるように構想を拡大したとしても――莫大なものにはならないでしょう。実際のところ、一〇万ドルも用意すれば十分ではないでしょうか。ぜひ在郷軍人会でこの基金を募りませんか？　私としては喜んで最大限協力したく思います。協力しないアメリカ人がいるものなのでしょうか？」（*ALW*, December 8, 1922, 強調は原文）。

もう一人の投稿者であるニューヨーク市在住の退役軍人ヘンリー・S・スミスも、「軍隊にいた人間であれば、誰であろうと〔ラッパ手の派遣に〕私同様に賛成するにちがいありません」「フランスの各アメリカ軍墓地にラッパ手を派遣してはどうですか？」と絶賛しながら構想の拡大を促す。ただし、ラッパ手は退役軍人ではなく、むしろ現役のアメリカ軍人から選出した方がよいのではないかという新提案を付け加えるのである。スミスは以下のように主張する。「現役軍人のなかの最も優れたラッパ手――慎重に選出された、成績の素晴らしい者――を年次交代で海外に送れば、彼らはそこで一年の間、葬送ラッパの最高に美しい調べを死んだ戦友たちに届けるという名誉にあずかることになるのです。この提案はとにかく検討に値するものです。在郷軍人会会員の皆さん、どう思いますか？」（*ALW*, December 8, 1922, 強調は引用者）。

つまり、彼の考えによれば、「理想の絶え間ない再聖化」に欠かせないのは実際に「戦いで負傷した経験のある退役軍人」ではなく、あくまで「葬送ラッパの最高に美しい調べ」を奏でることのできる能力を持つ軍人なのである。確かに、「神聖なる」戦場墓地が「絶え間なく」美しい印象を醸し出すためには、苛酷な戦闘体験を持つ（ただし、ラッパの音色が美しいとは限らない）退役軍人を派遣するよりも、吹奏楽に秀でた（戦闘体験は持たない可能性の高い）現役軍人を派遣する方がはるかに劇的かつ効果的だろう。おそらく提案者であるスミス自身は自覚していなかったであろうが、彼はすでに、本書の重要なテーマの一つに足を深く踏み入れている。戦時中の「理想」を戦後にあらためて「再聖化」しようとした結果起きてしまう逆説的な事態――すなわち、「「戦争体験」のジェンダー化された序列」の曖昧化の予兆である。

ラッパ手派遣のあり方をめぐる投稿欄の議論は年が明けてからもつづく。翌一九二三年一月一二日付け機関誌には、モンタナ州在住の会員による以下のような投稿文が掲載されている。「「ベローにラッパ手を」の関係記事を、私は本当に関心を持って読みました。ご近所に住んでいる復員兵たちも皆、この件に関して私と同じように高い関心を持ってきました」。戦場墓地へのラッパ手派遣は、依然として一般会員の関心の的であったことが窺える。この会員は以下のようにつづける。「フランスに設置されたすべてのアメリカ軍墓地にまで構想を拡大することが、唯一の公平な方法だと思います。必要な資金の調達方法については、TTWさんが提案したように、在郷軍人会の力でうまく調達できるにちがいないと確信しています」（*ALW*, January 12, 1923）。「公平さ」に重きを置く彼の投稿文では、「誰をラッパ手として派遣するか」という問題は置き去りにされたままである。

さらに、翌週の投稿欄では、ワシントン州在住の会員から以下のような提言がなされる。「プール氏の提案を実行に移すために、在郷軍人会の年会費に二五セント上乗せし、それによって戦友一名をフランスに設置された最も大きなアメリカ軍墓地（ムーズ・アルゴンヌ墓地を指すと思われる）に派遣するのに十分な大型の基金を創設しませんか？　大きな戦闘で負傷した経験を持つ在郷軍人会会員を一名選出して、彼を一年間派遣してはどうでしょうか。そしてまた翌年にも同じことを行い、我々が在郷軍人会として存続する限りこのささやかな追悼をつづけてはいかがでしょうか?」（*ALW*, January 19, 1923）。演奏力にこだわるスミスとは異なり、彼は派遣するラッパ手はやはり「戦闘で負傷した経験を持つ」退役軍人がよいと考えている。しかし、彼にとって重要なのは「最も大きなアメリカ軍墓地」と「大きな戦闘で負傷した経験」の組み合わせであって、派遣される退役軍人が実際にそこ（ムーズ・アルゴンヌ周辺）で戦った人間であるか否かは問わないのである。

戦時中の理想の「絶え間ない再聖化」を行うために、在郷軍人会機関誌上にこれほど多彩な案が浮上していながら、投稿者たちが全員共通して最も基本的な問題を等閑視しているのは象徴的である。すなわち、たとえ必要な資金が調達できたとしても、一年にもわたってフランスの戦場墓地に駐在し、なおかつ確実に「毎夕葬送ラッパの調べを吹奏」しつづけてくれる軍人ないし退役軍人が、果たして本当に実在するのかという問題である。

在郷軍人会全国本部は、一九二三年二月九日付け機関誌の本部役員会報告記事で、「海外のアメリカ軍墓地に、毎夕葬送ラッパを吹奏するアメリカ人ラッパ手を派遣することの実現可能性を検討する委員会」を設置することを告知している（*ALW*, February 9, 1923）。そしてそれを最後として、フランスのアメリカ軍戦場墓地へのラッパ手派遣をめぐる議論は機関誌上のすべての欄から姿を消すことになる。「死んだ戦友たち」に「最高に美しい調べ」を届けようとしたスミスの提案は空振りに終わった。たとえ彼の提案が実行に移されていたとしても、「葬送ラッパ」の調べが「神聖なる」儀式（つまり、「男性の戦闘体験」の特権性を強調する儀式）として厳粛に吹奏される限りにおいて、「戦争の平凡化」（「「戦争体験」のジェンダー化された序列」の曖昧化）は起こり得なかったという推論も成り立つだろう。にもかかわらず、「理想の絶え間ない再聖化」を行おうとする「ラッパ手」は、フランス戦場とのかかわり方において在郷軍人会が新たな局面に差し掛かりつつあった事実――在郷軍人会の「神聖なる」組織事業において戦闘体験者は必ずしも必要ではなくなりつつあったという事実――を指し示す、決して見逃すことのできない重要な兆候である。この意味において、機関誌上の「ラッパ手」が奏でるのは、「戦争の平凡化」の明らかな序曲なのである。

3　トーマス・クックと在郷軍人会――一九二二年巡礼

在郷軍人会の機関誌記者が、「あまりにも遠い」フランスとの距離感を嘆いていたのと同時期（一九二二年中頃）に、在郷軍人会全国本部は前年の巡礼事業の課題を踏まえた新たな事業を企画・発表している。表4-1に表れているように、フランス、ベルギー、イギリス、カナダを訪問する一九二二年巡礼では式典はほとんど設定されず、旅費を用意しさえすればすべての会員が自由に参加できる「完全に私的な」旅であるとされた。在郷軍人会機関誌上の最初の事業告知記事（一九二二年五月五日付け）は以下のように伝えている。「在郷軍人会のフランスへの巡礼を、毎年夏、三週間から四週間かけて行うこととし、在郷軍人会会員だけで船を借り切って行く――形式張らずに――むしろ、在郷軍人会の仲間たちと共に行くことのできる旅にする」（*ALW*, May 5, 1922）。この時点で在郷軍人会本部は、在郷軍人会の巡礼事業を永続的なものにし、今後毎年実施することを想定していたのである。

表 4-1　1922 年巡礼の旅程

日付	スケジュール
8 月 5 日	ニューヨーク発
8 月 13 日	シェルブール着、パリに向けて進み、昼過ぎに到着
8 月 14 日	パリにて公式歓迎会等
8 月 15 日～29 日	個人の自由行動
8 月 30 日	パリ発、昼過ぎにブリュッセル着
8 月 31 日	ブリュッセルにて公式歓迎会等。午後遅くにオーステンデに向けて出発
9 月 1 日	フランドル戦場の自動車ツアー、夕食時にオーステンデに帰着
9 月 2 日	オーステンデ発、午後にロンドン着
9 月 3 日	ロンドンにて公式歓迎会等
9 月 4 日～ 7 日	個人の自由行動
9 月 8 日	グラスゴー発
9 月 16 日	モントリオール着、歓迎会等

出所：*ALW*, June 30, 1922 より筆者作成。

　また、同年六月一六日付け機関誌の続報では、「今回の旅の主な目的はアメリカ遠征軍が戦い、駐留した国々を再訪する機会を提供することにある」と位置づけられ、参加者は「二〇〇名限定」、申込みの受け付けは「先着順」、旅費は「五二五ドル」であると細かな参加条件が明示されている（*ALW*, June 16, 1922）。「二〇〇名」という人数は、一九二二年巡礼参加者が往路で利用する汽船プレジデント・ローズヴェルト号の特別二等船室利用客数の上限とほぼ一致しており、[4]「在郷軍人会会員だけで船を借り切って行く」という全国本部の方針は、参加者の間で利用する宿泊設備に差が出ないようにとの配慮であったことが窺える。また、申込みの受け付けを「先着順」にしたのは、一九二一年巡礼の際に、多くの州支部が十分な会員動員に失敗したことを踏まえてのものであろう。事実、同年六月三〇日付け機関誌の事業告知記事は以下のように伝えている。

今年の旅行は完全に私的なものになります。この事実の一つの利点は（利点は他にもあるのですが）、参加したいと思っている旅行者《ヴワヤジュール》（voyageurs）が去年のように州支部によって選抜される必要がないということにあるのです。旅行の予約をするためには、㈠行くと決める、㈡前金二〇〇ドルを同封して『アメリカン・リージョン・ウィークリー』の旅行記事編集者宛てに申込みを行う、これだけでよいのです。

（*ALW*, June 30, 1922, 強調は引用者）

全国本部は、州支部組織を通さず、個々の会員が機関誌編集者に宛てて直接参加申込みを行うことのできる事業体制を確立することを目指していたのである。ここでは「巡礼」という用語が消され、「旅行」や「旅行者」という言葉に置き換えられているが、おそらくこれは州支部が介入する必要のない「完全に私的な」旅であることを強調するための方策であろう。ただし、全国本部発行の年次大会議事録に記された事業正式名称は「第二回巡礼（Second Pilgrimage）」であるため、本書では「一九二二年巡礼」という用語で統一することとする（American Legion 1922: 9）。

この一九二二年巡礼の旅行手配を担当したのが大手旅行会社のトーマス・クック＆サン社（以下「クック社」と略記）であり、またその旅行手配を監督することになったのが在郷軍人会全国司令官が任命した「ツアー・ディレクター」であるヴァージニア州支部のＪ・ウィッカー・ジュニア（一九二一年巡礼において宿泊施設の手配を担当した人物）であった。自らも二二年巡礼に同行したウィッカーは、帰国後（一九二二年九月一九日）にクック社に対して以下のような感謝状を書き送っている。「在郷軍人会旅行を終えた今、この度の旅行に関して旅行手配を含めたあらゆる業務を最高の手腕でこなしてくださった御社に対して、私から一団全体を代表して感謝申し上げます。すべてが最高に申し分のないものであり、御社は我々の要求、さらに我々の期待を常に少し上回ることをしてくださったというのが、参加者の一致した見解です。参加者全員が、終始一貫して素晴らしいものであった御社のサービスに対して大変深く感謝していると断言できるのであり、御社にこのようにお伝えできることを非常に喜ばしく思っております」（John J. Wicker, Jr. to Thomas Cook & Son, September 19, 1922 in *ALM*, August 1926）。ただし、巡礼事業へのクック社の関与は一九二二年当時は明らかにされていなかった。この感謝状は後にクック社の商業広告のなかに転載される形で機関誌上にて公表され（図4-3参照）、これによってクック社の関与は広く一般会員も知るところとなったが、同広告の掲載は巡礼実施から四年もの歳月が経過した一九二六年八月のことである。「観光客」批判（第3章第1節参照）が展開されていた二〇年代前半の在郷軍人会において、クック社が手配する巡礼――大衆観光旅行の代名詞とも言える企業が手配する巡礼――を実施することを、全国本部が会員に対して明らかにしづらい雰囲気が存在していたことは想像に難くない。

今後「毎年」実施することを想定していた一九二二年巡礼においては、汽船の特別二等船室の借り切りや、営利企業への旅行手配の委託など、事業の実現性と継続性に配慮した措置がとられている。パリ、ブリュッセル、ロンドン、モントリオールで実施された「歓迎会」についても、一九二一年巡礼のように現実から乖離した説明が行われることはなく、在郷軍人会と協力関係にある各国の退役軍人組織および政府関係者が提供する「準公式」のものであることが、機関誌上の事業告知記事のなかであらかじめ明記されている（*ALW*,

May 26, June 16, 1922)。

また、一九二一年巡礼の際には、従軍体験と戦闘体験（すなわち、「アメリカ遠征軍の一員として従軍し、負傷した経験のある男たち」）が重要な役割を果たしていたが、一九二二年巡礼の事業告知記事ではこれらの要素を重視するような言説は見当たらない。むしろ、在郷軍人会の女性親族（妻、母親、妹など）の参加も今回は認められることを明記していたり（*ALW*, June 16, 1922）、さらには女性在郷軍人会会員にも積極的な参加を呼

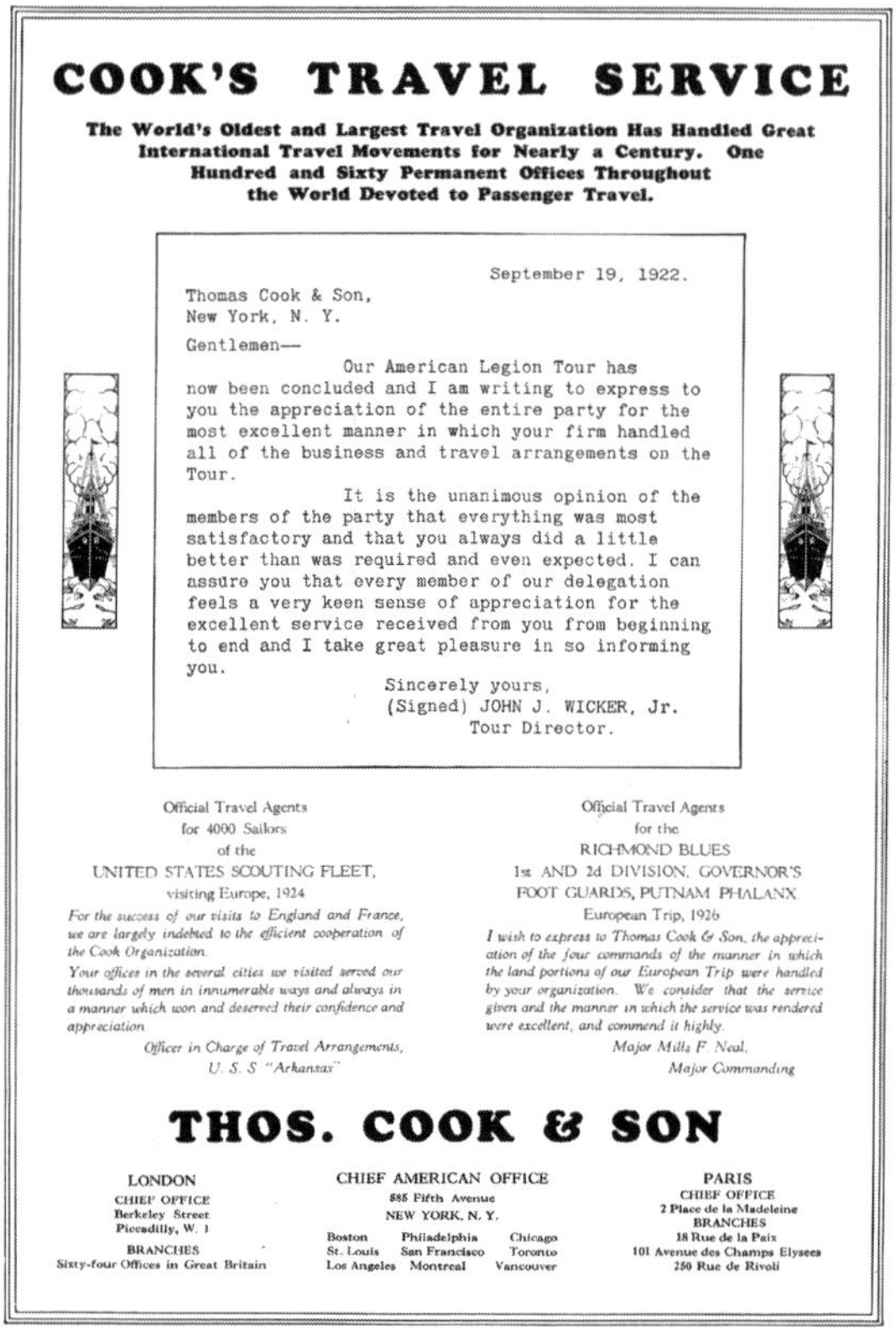

図 4-3 クック社の広告。ウィッカーからクック社へ送られた 1922 年 9 月 19 日付けの感謝状が広告内に転載されている（*ALM*, August 1926）

びかけている。一九二二年七月一四日付けの在郷軍人会機関誌は、以下のように告知する。

> 男性限定の集まりにお邪魔をしてしまうのではないかしらとご婦人方がお感じにならないようにここに報告しておきますが、旅行担当者〔ウィッカーを指す〕によれば、数多くの女性在郷軍人会会員《レディー・リジョネアー》（リジョネアレスとお呼びするべきでしょうか？）と女性親族の方々が余興の際にそのお手伝いをしたり、そこに参加したりするために、男性会員と共に出かける準備をしているとのことです。（*ALW*, July 14, 1922）

換言すれば、一九二二年の募集型巡礼は、女性を余興担当という補助的な役割に留めることをあらかじめ宣言していたのである。

こうした言葉を裏付けるように、巡礼実施直前（一九二二年八月四日）に発行された在郷軍人会機関誌の表紙イラストに描かれていたのは、戦時中に従軍した戦場を再訪する「男たち」の姿ばかりであった。「ちょうどこの辺りだった――（"It was right around here—"）」と題された同イラストでは、鉄条網が残された戦場跡に立つ、俯き加減の男性退役軍人の後ろ姿が描かれている。彼の眼前には、塹壕から這いだして突撃する大勢の兵士たちの姿や攻撃を受けて墜落する飛行機が白い影となって立ち現れており、イラストの右端の枯れ木の周りには、彼と共に戦場跡を訪れていると思われる三人の仲間たち（いずれも男性）の姿が描かれている（*ALW*, August 4, 1922）。

さらに、巡礼参加者が帰国した後に機関誌上に掲載された事業報告記事（一九二二年一〇月二〇日付け）のなかでも女性在郷軍人会会員の存在は取り上げられることがなかった。女性参加者にまつわる同記事内の唯

図 4-4 ロンドン到着後、戦没者記念碑に向かって行進する男性在郷軍人会会員。彼らの「後につづいた」とされる女性参加者の姿は、写真内に捉えられていない（*ALW*, October 20, 1922）

一の記述は、ロンドン到着後、戦没者記念碑に向かって行進する男性会員の姿を捉えた写真に添えられた、以下のような短い説明書きである。「軍服を着た男たちが先頭に立ち、女性参加者はその後につづいた」（図4-4参照）。「完全に私的な」旅であるはずの一九二二年巡礼でも、事業の中心的担い手として位置づけられるのは、依然として「男たち」のみであったのである。

写真のなかの男性会員たちは全員軍服を着用している。参加者が自発的に軍服を持参したのか、あるいは全国本部側から何らかの指示があったのかは不明であるが、いずれにせよ女性在郷軍人会会員の参加がはじめて認められた一九二二年巡礼において、男性会員が着用していた軍服が果たした役割は注目に値する。事実上男性会員の参加しか認められていなかった一九二一年巡礼では、巡礼参加者の装いは（少なくとも、機関誌上の写真では）常に私服であり、軍服を着ていた様子は確認できない。この意味において、一九二二年巡礼における軍服は、巡礼事業の中心的な担い手が誰であるのかを指し示す明らかな記号であったのである。一九二二年の募集型巡礼は、女性在郷軍人会会員へ参加の門戸を開いた。ただし、「女性巡礼者」のための新たな旅行形態を生み出すものではなく、あくまで彼女たちを軍服を着用した男性会員の「後

図 4-5　パリ到着後、無名戦士の墓に献花を行う軍服姿の男性在郷軍人会会員たち（*ALW*, October 20, 1922）

に」――周縁的かつ補助的な役割に――留めたのである。

同事業報告記事には、パリの無名戦士の墓で献花を行う軍服姿の男性会員たちの姿を捉えた写真（ここでも女性参加者の姿は写されていない）も掲載されている（図4-5参照）。「完全に私的な」旅であるにもかかわらず「軍服を着た男たち」が列を組んで先頭に立つ在郷軍人会の一九二二年巡礼は、同時代のパリを訪れていたアメリカ人観光客（特にその多くを占める女性観光客）の様相と比して相当に特殊なものであったであろう。在郷軍人会の一九二二年巡礼は、大衆観光旅行の代名詞と言えるクック社によって手配されたものであったにもかかわらず、装いと振る舞いで「観光客」と一線を画するという点では成功していたのである。

他方、看護婦に代表される女性在郷軍人会会員自身が、一九二二年巡礼をどのように受け止めていたのかを確認できる資料はない。ただし、同時期の在郷軍人会機関誌の投稿欄には、ペンシルベニア州在住の元従軍看護婦ヒルダ・メルチングによる、以下のような投稿文が掲載されている。「看護婦とて人間です（Nurses Are People）」と題された同記事のなかで、メルチングは看護婦の周縁化された地位に異議を唱え、「先の大戦には看護婦も従軍したのだという事実」を周知徹底させる何らかの組織的取り組みが必要であると主張している。

看護婦とて人間です

編集者殿：女性の救急車運転手が在郷軍人会に入れるものなのかどうか、お尋ね致したく思います。彼女たちに入会資格を与えるような文言は在郷軍人会の規約のなかのどこにも見当たらないのですが、先日ウィリアムズポートにて開催されたペンシルベニア州支部年次大会を取材した新聞のなかでは、パレードに参加する女性救急車運転手たちの姿なるものが取り上げられていました。実際には、それはパレードをしている元従軍看護婦たちの姿だったのです。あの戦争が終わってからというもの、看護婦はおよそこの世に存在するありとあらゆる名前で誤称されてきました。赤十字職員と呼ばれたり、軍属と呼ばれたり、救世軍の女性と呼ばれたり、救急車運転手と呼ばれたり、婦人部会員と呼ばれたり、売店の女店員と呼ばれたりしてきたのです。先の大戦には看護婦も従軍したのだという事実を、一般の人々に対してはもちろんのこと、新聞編集者および新聞記者に対しても、もうそろそろ知らしめるべきときです。在郷軍人会のために働いている元従軍看護婦がお褒めにあずかる機会は皆無ですが、その理由は、彼女たちが何者であるのかすらわかってもらえていないからというだけのことなのです。私たちは名声は求めませんが、私たちを正しい肩書きで呼ぶように要求は致します。私の声は、私が所属する基地全体の思いであることを、以上の要求と併せてここに記しておきます。

ヒルダ・D・メルチング、ヘレン・フェアチャイルド基地司令官　ペンシルベニア州、フィラデルフィア

（*ALW*, November 3, 1922, 強調は引用者）

メルチングが言う「私が所属する基地全体の思い」とは、すなわち、彼女自身が基地司令官を務める「ヘレン・フェアチャイルド基地」全体の意見を指しているのである。「在郷軍人会のために働いている元従軍看護婦がお褒めにあずかる機会は皆無」だと批判するメルチングの主張が、同時代の在郷軍人会における看護婦たちの声を一定程度代表するものであるならば、一九二二年巡礼において女性在郷軍人会会員に与えられた周縁化された地位は、彼女たち自身の願いに添うものでは到底あり得なかったであろう。また、かつての機関誌上の看護婦論争（第2章第5節参照）における看護婦の投稿文とは異なり、メルチングの投稿文は「基地司令官」という肩書きに基づく正式な「要求」文であることも注目に値する。ここにおいて看護婦の抗議の声は、単なる会員個人の声ではなく、「基地全体の思い」として表現されることになったのである。

在郷軍人会会員であれば誰でも自由に参加できることが謳われていたにもかかわらず、「二〇〇名」の参加者を募った一九二二年巡礼に参加した退役軍人は結果としてわずか五〇人であり、また女性参加者の数も一三人（このうち女性在郷軍人会会員が占める割合は不明）に留まったという（*The New York Tribune*, August 6, 1922）。在郷軍人会の巡礼事業は、二三年、二四年と一時中断してしまう。

4 「豪華」から「安価」へ

主として在郷軍人会機関誌を通じて参加者を募った一九二二年巡礼は十分な会員動員を行い得なかったが、その最大の原因としては、在郷軍人会全国本部自身が問題点として認識していたように旅費が依然としてかなり高額であったことが挙げられる（*ALW*, June 30, 1922）。先述したように、「五二五ドル」という旅費は汽船の特別二等船室利用を前提としていた。事実、二二年巡礼において往路の船便を提供したアメリカの大手汽船会社ユナイテッド・ステーツ・ライン（以下「USライン社」と略記）は、在郷軍人会全国本部が巡礼参加者を募集していたのとまったく同時期に、機関誌の商業広告欄を利用して「快適（comfortable）」で「贅沢（luxurious）」で「豪華（splendid）」な船室を利用する二二年巡礼の魅力を独自に宣伝している。

たとえば、一九二二年七月七日付け機関誌上の広告「在郷軍人会の一員として戦地《オーバーゼア》に行くご予定ですか?」（図4-6参照）は、在郷軍人会会員に対して巡礼への参加を漫画を添えて以下のように呼びかける。

汽船プレジデント・ローズヴェルト号（旧名プレジデント・ピアース号）が在郷軍人会会員とその関係者の方々を、第二回目のヨーロッパ巡礼へとお連れ致します……かつて従軍したときと、今日アメリカ政府委託船に乗って再び渡欧するときとでは、その方法が天と地ほどもちがうのです。およそ一時間おきに「全員集合」の号令や軍隊ラッパの音が耳元に響き渡って船底に降ろされるようなこともなく、その代わりに豪華な船室で過ごすことになります。たっぷりと入る洋上の空気、天下一品のお食事、社交

図 4-6 「在郷軍人会の一員として戦地《オーバーゼア》に行くご予定ですか？」。戦時中（左の絵）は薄暗い船底に詰め込まれていた兵士が、今（右の絵）では窓つきの「豪華な船室」に宿泊している（*ALW*, July 7, 1922）

室、読書をしたり、手紙を書いたり、喫煙ができる部屋、すべてが旅行者を健康にし、元気を与えてくれるのです。（*ALW*, July 7, 1922）

野間恒が指摘しているように、第一次世界大戦後に設立されたばかりであったUSライン社は、「アメリカ政府がドイツから獲得した多数の賠償船の受託運航会社」であった。すなわち、同社が運航する客船のいくつかは、アメリカがドイツに宣戦布告をすると同時に接収した元ドイツ船籍の客船であったのであり、戦時中にはこれらの船は、アメリカ軍の兵員輸送船としてアメリカとヨーロッパの間を往復していた（野間 2008: 149-50）。ゆえに、USライン社の広告のなかでは、「あの頃」（戦時中）の兵員輸送船での渡欧体験と、「今」（一九二二年）の豪華客船での渡欧体験の比較が常に行われており、渡欧・従軍体験を持つ在郷軍人会会員の「一次的郷愁」をかきたてる内容となっている。[5] なお、広告に使用された漫画の作者は、戦時中フランスで第一次世界大戦版『星条旗新聞』の漫画を描いたことで知られるアビアン・ウォルグレンであり、この点もまた渡欧・従軍体験を持つ在郷軍人会会員の「一次的郷愁」を大いにかきたてるものであったろう。

一九二二年七月二八日付け機関誌のＵＳライン社広告「アメリカ政府委託船に乗り、洋上で家庭のくつろぎを」（図４‐７参照）では以下のように旅の魅力が語られる。

あなた方在郷軍人会会員は、かつての旅では軍支給の毛布にくるまって、帆布の吊下げベッドで眠り、軍隊食を食べるために長い列に並んでいたわけですが、今回の旅はまったくちがうものであることにお気づきになることでしょう――贅沢な個室に、しみひとつない清潔なシーツ、近代的で快適な食堂では最高のアメリカ料理が振る舞われます――そしてよく気が利く給仕係があなた方のお世話をしてくれるのです。（*ALW*, July 28, 1922）

これらの広告文、および広告漫画に表れているように、一九二二年の在郷軍人会機関誌上におけるＵＳライン社の販促策とは、「かつて従軍したとき」の苦労を列挙して従軍体験のある退役軍人の「一次的郷愁」を誘いながら、昔とは「まったくちがう」方法で赴くヨーロッパ巡礼の魅力を伝えようとするものであった。モッセは戦場巡礼者が戦場観光旅行客同様の「快適さ」や「贅沢」を享受していく過程が「戦争の平凡化」の過程であると定義している（Mosse 1990=2002: 155-7）。モッセの定義にひとまずしたがうとすれば、このような観光客然とした「平凡化の過程」（「快適」で「贅沢」で「豪華」な巡礼）は、一九二二年当時のほとんどの在郷軍人会会員にとって格別魅力あるものではなく、ゆえに巡礼参加者は少数に留まったという

図 4-7 「アメリカ政府委託船に乗り、洋上で家庭のくつろぎを」。戦時中（左の絵）はバケツの海水で髭を剃っていた兵士が、今（右の絵）では髭を剃ってもらい、爪の手入れをしてもらっている（*ALW*, July 28, 1922）

ことになるだろう。かつての従軍体験を思い起こしながら、豪華な船室のなかで髭を剃ってもらい、爪の手入れをしてもらいたいと願う在郷軍人会会員（図4-7参照）は、確かに漫画のなかにしか存在し得ない人物であったと言える。

なお、一九二三年以降、在郷軍人会機関誌上には、経済的な余裕がない会員に対する渡仏のための具体的な方法も提示されていくようになる。たとえば、一九二三年四月二七日付けの在郷軍人会機関誌は、仕事の片手間に機関誌販売員として働くことによって、「フランスへと旅立つ」ことができると宣伝している。同宣伝によれば、在郷軍人会会員が「暇な時間」を使って地元で機関誌販売活動（在郷軍人会会員は機関誌購読を義務づけられているため、おそらくは会員以外の人々に対する販売活動）を行えば一日平均六・五ドル稼ぐことができるのであり、なかには一週間で「一〇〇ドルはくだらない」収入を得ている会員も存在するのだという（*ALW*, April 27, 1923）。

さらに、一九二四年九月一二日付け機関誌に掲載されたUSライン社の旅行広告「フランスと戦場をめぐる格安ツアーを五回実施」（図4‐8参照）のなかでは、高額な旅費を用意せずともフランスへ行くことができる、退役軍人向けの「安価なツアー」の利用を新たに勧めている。旅行客を満載した団体バスの写真を添えて、USライン社は以下のように宣伝する。

有名なアメリカ政府委託船、リヴァイアサン号とジョージ・ワシントン号の特別区域が、アメリカ退役軍人のご要望に添うように隅から隅まで改修されました。これらの専用三等宿泊設備は、航行中のすべての船舶のなかで比類のないものです。清潔で、風通しが良く、快適な個室となっております。

（*ALW*, September 12, 1924）

つまり、その実態はただの三等船室利用ツアーなのだが、こうした広告が新たに掲載されるようになった背景に旅行者層の大幅な変化があった点を見逃すことはできない。すなわち、一九二一年緊急割当法、そして一九二四年移民法が、大西洋航路を運航する各汽船会社に与えた甚大な影響を把握しておく必要があるだろう。H・レヴェンシュタインは以下のように論じている。

一九二一年、アメリカ合衆国は東欧および南欧からの移民を厳しく制限する法案を可決した。一九二四年には、それらの地域からの移民は事実上停止させられた。戦前には大西洋航路の乗船客の四分の三が利用していた従来の最下等船室の市場は、これによって滅亡へと追いやられた。汽船会社はほとんどの最下等船室を観光客用三等船室へと格上げし、ここは移民の立ち入りを禁止にしてありますとこれ見よがしに公言して回った。実際には、移民の姿などどこにも見えなくなっていたのだ。「学生、教師、観光客、芸術家」専用の船室なのだと、ある汽船会社のチラシには記されている。「これ以外の方々の申込みはお断りです」。（Levenstein 1998: 235-6）

「退役軍人のご要望に添う」船室を用意したことを公言するＵＳライン社の広告もまた、当時の汽船会社の三等船室販促策を追ったものであったことが窺える。実際にこのツアーを利用してフランスに向かった退

図 4-8 「フランスと戦場をめぐる格安ツアーを５回実施」。広告文の書き出しは以下の通り。「退役軍人の皆さん、チャンスですよ！ フランスと戦場をめぐる安価なツアーを５回も追加してご用意致しました。想像してみてください——フランスへの旅、そして全旅費はたったの 275 ドルなのです」（*ALW*, September 12, 1924）

役軍人がどれほどいたのかは定かではないが、全旅費は「二七五ドル」であり、とても「格安（low cost）」で「安価（low-priced）」であると在郷軍人会機関誌上の商業広告で宣伝されている。同広告によれば、この「二七五ドル」という金額には往復船賃はもちろんのこと、フランスでの汽車賃・バス代（戦場ツアー代を含む）、そして全旅程のホテル代・食事代までもが含まれており、ツアー日数は三〇日間であるという。詳細については、退役軍人向け販促パンフレットをＵＳライン社に請求するようにとの文言が書き込まれている。

そのＵＳライン社が一九二四年に発行したパンフレット「世界大戦退役軍人の三〇日間フランス・戦場旅行」によれば、退役軍人は「移民が使用する客室甲板とは完全に区別された」三等船室を利用し、フランス上陸後には「退役軍人の願いをかなえるため」に用意された「総合的かつ包括的な」戦場バスツアーなるものへと団体で出かけるのである（図４‐９参照）。パリにはじまってパリで終わる簡便な一筆書きのバスルートは、同時代にクック社などが提供していた観光客向けの戦場ツアーと何ら変わるところがない。しかも、パンフレット内の旅程説明の最後は、以下のような言葉で締め括られている。「パリ見物のお時間はたっぷりと用意してございます」（United States Lines 1924）。

本章では、一九二二年から一九二四年にかけての在郷軍人会に注目してきた。戦時中の「理想の絶え間ない再聖化」を目指す時期に差し掛かっていた在郷軍人会を検討したことによって得られた知見は、以下の三点に集約される。

第一に、一九二一年巡礼の担い手（八〇〇ドルを自助努力で捻出して「彼自身の聖地」へと出かけることのできる

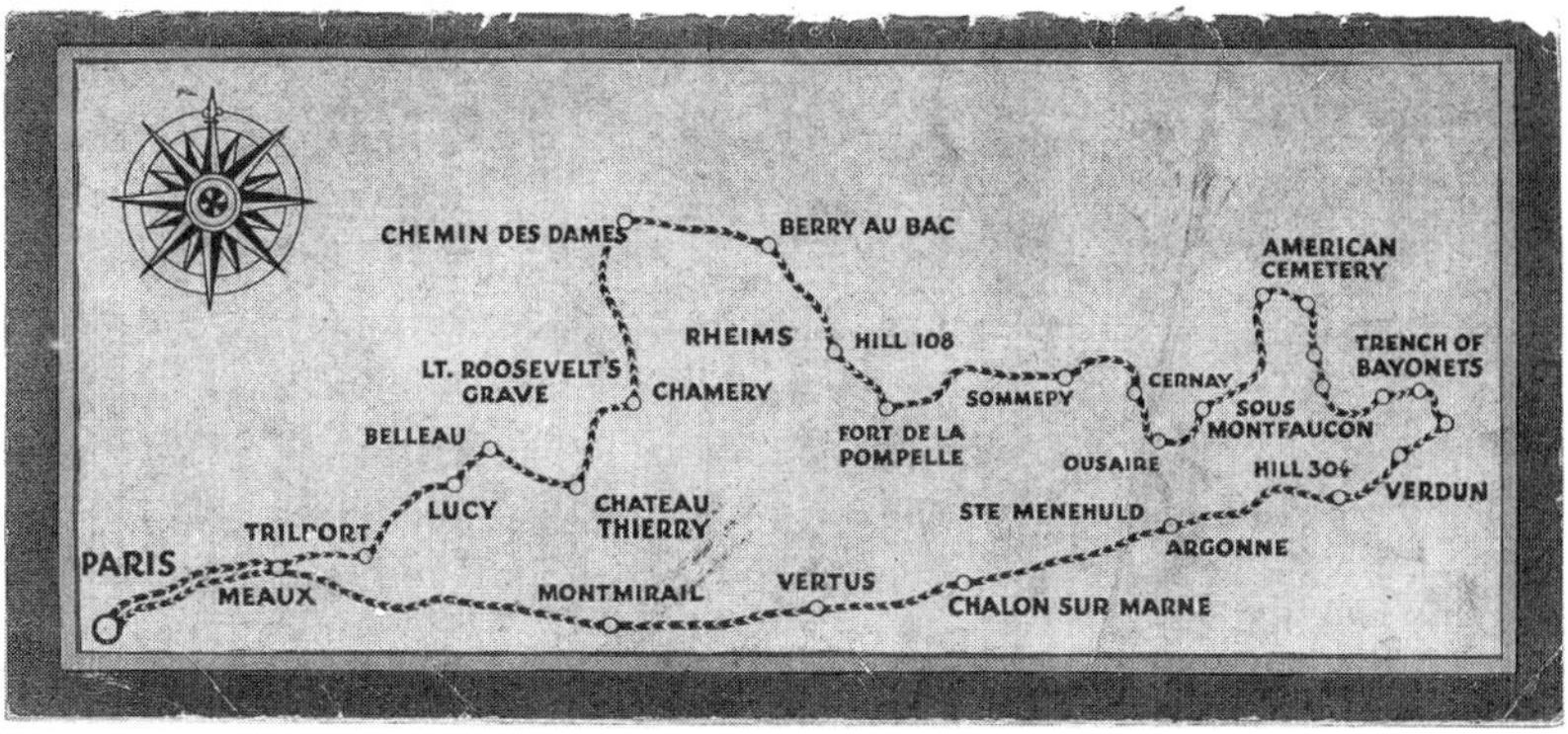

図 4-9　US ライン社が提供する「退役軍人の願いをかなえるため」の戦場バスルート（United States Lines 1924. The Ley and Lois Smith War, Memory and Popular Culture Research Collection, History Department, Western University 所蔵）

経済的余裕のある男性会員）とは明らかに異なる人々が、戦場巡礼ないし戦場ツアーの担い手として想定されるようになりつつあったという事実である。「退役軍人の願いをかなえるため」の戦場バスツアーの出現は、退役軍人戦場訪問のパッケージ化を予感させるという意味で見落とすことができない変化である。

第二に、在郷軍人会会員にとってフランス戦場が三年以上前の「思い出」と化したことによって、巡礼事業において「郷愁」が果たす役割が相対的により大きなものとなったことである。「かつて従軍したとき」の苦労を列挙して従軍体験のある退役軍人の「一次的郷愁」を誘ったUSライン社の販促策は不振に終わったが、組織機関誌に掲載される旅行広告を通じて、巡礼事業における「一次的郷愁」がより普遍的で流通性が高い形へと変容していった点は注目に値する。一九二一年巡礼において見られたような全国本部役員に限定された「閉ざされた」郷愁（エメリー司令官の戦場再訪記念写真）の称揚は、一九二二年巡礼では影を潜めることになる。

第三に、ＵＳライン社が一九二二年に在郷軍人会機関誌上で宣伝した「快適」で「贅沢」で「豪華」な巡礼が不人気であった原因は、退役軍人は常に「戦争の平凡化」に抵抗するからといった本質主義的議論に求められるべきではない。むしろ、ＵＳライン社の広告に描かれたような戦時中の苦労話（兵員輸送船内で数多くの兵士が命を奪われたインフルエンザの猛威や、敵艦の攻撃による沈没の恐怖には一切触れない苦労話）の羅列だけでは、「戦争の現実」に代わる「受け容れやすい」戦争の提示に結びつかないという重要な事実の方に目を向けるべきであろう。

戦場巡礼の商品化は、巡礼の担い手を変化させるという点では注目に値する。しかし、単なる戦場巡礼の商品化だけでは、「「戦争体験」のジェンダー化された序列」の曖昧化（「戦争の平凡化」）には貢献し得ないのである。ＵＳライン社が在郷軍人会機関誌上で提供した兵員輸送船にまつわる「一次的郷愁」の数々は確かに流通性の高い「郷愁」ではあるが、これらの羅列は「Ａ男性の戦闘体験」と「Ｂ男性の従軍体験」の間の境界線に働きかけることがない。「Ｂ男性の従軍体験」と「Ｃ男性の入隊体験」の間の境界線もまた（強調されこそすれ）曖昧化されることは決してないのである。

注

1　政府統計資料における「旅行者（travelers）」とは、母国に帰る移民など、観光以外の目的で海外に赴く人々も含まれていることに注意が必要である。ただし、先行研究のなかでは、同資料が戦間期におけるアメリカ人海外観光客の全般的動向を把握するために必要な統計として用いられているため（Levenstein 1998）、本書でもこの姿勢に倣うこととする。

2 たとえば、第一次世界大戦前のアメリカ人向け観光ガイドブック『女性のためのヨーロッパ旅行』（一九〇〇年発行）のなかには、女性旅行者が「建築、絵画、彫刻などの芸術」に対してしっかりとした関心を持つことの勧めや、合計二三冊にもなる予習用の芸術関連書目録が存在していた（Jones 1900）。

3 ただし、ヨーロッパにおける八つのアメリカ軍戦場墓地のうちの二つ（フランスのシュレンヌ墓地と、イギリスのブルックウッド墓地）は、「男性の戦闘体験」と直接的なかかわりのない場所に設置されている。

4 プレジデント・ローズヴェルト号の詳細は Miller（2001: 17）参照。なお、特別二等船室の正確な収容人数は二〇一名である。

5 ただし、一九二二年巡礼参加者が利用した「プレジデント・ローズヴェルト号（旧名プレジデント・ピアース号）」は第一次世界大戦後に就航した新造船であり、戦時中に兵員輸送船として運航されていた事実はない。

第5章　大規模化する戦場巡礼

――「聖地」創出へ（一九二五年以降）

1　「フランス大会委員会」の設置

本章では、一九二五年以降の在郷軍人会に焦点を合わせ、在郷軍人会の組織事業が大規模巡礼実施からパリでの「聖地」運営へと移行していく過程を明らかにする。

在郷軍人会全国本部は一九二五年に新たな戦場巡礼計画を発表する。米仏両政府の許可・支援を受けた上で発案されたその計画とは、一九二七年九月に、第一次世界大戦アメリカ参戦一〇周年を記念して、約三万人の世界大戦退役軍人を「全国大会巡礼（national convention pilgrimage）」のために集団渡仏させるというものであった。「全国大会巡礼」とは、一九一九年の組織創設以来、在郷軍人会がアメリカ国内で年に一回開催してきた在郷軍人会パレードと、旧来の戦場巡礼とを複合させた記念事業である。すなわち、一九二七年度の在郷軍人会の「全国大会」開催地をパリに決定し、アメリカ遠征軍総司令官であるパーシング将軍と連

表 5-1　1927 年巡礼の旅程

日付	スケジュール
8 月 6 日～ 9 月 10 日	在郷軍人会公認船にて各港から順次出航。在郷軍人会専用特別列車にてパリへ
9 月 19 日	シャンゼリゼ通りにて在郷軍人会パレードを実施
9 月 20 日～ 23 日	5 系統の在郷軍人会公認戦場・墓地ツアー（日帰り、任意参加）を実施
9 月 24 日～ 11 月 4 日	在郷軍人会公認船にて各港から順次出航、帰国

出所：American Legion France Convention Committee（1927）および Elder（1929）より筆者作成。

合軍総司令官であるフォッシュ元帥を招いたパレードを九月一九日にシャンゼリゼ通りで開催すると共に、その後、各会員が在郷軍人会全国本部が定めた範囲内で自由に行動できる「巡礼」を実施するというものであった（*ALW*, February 26, 1926; Elder 1929. なお、具体的な旅程は表5 - 1参照）。H・レヴェンシュタインが指摘しているように、これは「戦友の没した聖地を〔在郷軍人会会員が〕訪れることを可能にし……同時に、全国大会は娯楽行事としての性格を持つようになっていたため、彼らの旅行者としての欲求も満たす」ことができるという二面性のある企画であった[1]（Levenstein 1998: 271-2）。以下では、この「全国大会巡礼」を「一九二七年巡礼」と表記する。なお、「三万人」という数字は、全国本部が巡礼に「出かけたいという望みを持つ会員数」の調査・見積もりをし、さらに受け入れ可能人数をフランス政府側と協議した上で算出した最大人数である[2]（Elder 1927: 88-9）。このように大々的な記念事業の実施を認めたフランス政府側の意図として、「フランスの役人たちは、〔アメリカの〕退役軍人に対して友好的に振る舞うことによって、戦債問題に関してアメリカが寛大な態度を示してくれるだろうと考えていたのだ」とブロワーは指摘している（Blower 2011: 176）。

一九二六年度版の在郷軍人会マサチューセッツ州支部の年次大会議事

録のなかでは、翌年実施予定の一九二七年巡礼と、過去の在郷軍人会の巡礼との大きな違いが、以下のように強調されている。

> 今回の巡礼〔一九二七年巡礼を指す〕は、かつて兵卒がアメリカ遠征軍の先陣を切っていったのと同じように、在郷軍人会のまったくの一般会員によって担われる巡礼にしたいというのが、我々全員の切なる願いなのです。その願いが達成されるのを見届けるためには、在郷軍人会の一般会員が出かけることができるような対策を練らなくてはなりません。（American Legion, Department of Massachusetts 1926: 123, 強調は引用者）

この企画を実現させるために、在郷軍人会全国本部が雇い入れた人物がＪ・ウィッカー・ジュニアである。セントルイス・コーカス参加経験者であるウィッカーは、在郷軍人会ヴァージニア州支部の創設者の一人であり、旅行会社のオーナーでもあった（世界大戦中は陸軍通信隊航空班の一員として渡欧・従軍）。ウィッカーは一九二一年巡礼では「ツアー・マネージャー」として宿泊施設の手配を行い、一九二二年巡礼では「ツアー・ディレクター」としてクック社による旅行手配を監督していた。一九二七年巡礼においては、ウィッカーは「トラベル・ディレクター」として年俸七五〇〇ドルで本部に正式に雇用されることとなり、「在郷軍人会主催の旅行の詳細をすべて手配し、企画し、実行し、完結させる」役割を担う人物として、全権を委ねられたのである（American Legion 1928: Exhibit B, 6）。

ウィッカーは自らを中心とする「フランス大会委員会」を在郷軍人会本部に設置し、旅行手配を独自に行っていった。まず、巡礼参加にかかる必要最低旅費を三〇〇ドルと定めた上で、「船室の等級」（最低約一五〇ドル〜最高約三五〇ドル）や「パリでの宿泊施設の種類」（最低約一一〇ドル〜最高約五〇ドル）を参加者の希望選択制にした（American Legion France Convention Committee 1927）。その上で、旅費の貯蓄・支払い・払い戻しに至るまで、巡礼にかかわるすべての財務過程を大会委員会が統括することとした。会計役は、インディアナポリスの著名な実業家であるB・エルダー委員が務めた。三〇〇ドルという金額設定は、大会委員会が連邦政府および関係各国の大使館と交渉して、パスポート代とビザ代を不要にした結果でもあった。「アメリカ国務省が、〔在郷軍人会発行の〕身分証をパスポート代わりに用いることを認めたため、それらの料金は一切かからなかった。……この特権によって、各旅行者は四〇ドルから五〇ドルの節約をすることができたのである」と大会委員会は報告している（Elder 1929: 244）。

また、三〇〇ドルという金額設定は、大会委員会が汽船会社と独自に交渉して大幅な割引運賃を適用させた結果可能になったものであった。具体的には、大会委員会がキュナード社をはじめとする汽船会社七社との交渉を直接行い、その結果、二八隻の客船を「在郷軍人会公認船」として割引料金で運航することを認めさせた[3]。

さらに、フランス大会委員会が契約汽船会社に認めさせた特別条件が「船舶における自由」と名づけられた利用規定であった。これは、「在郷軍人会公認船に乗るすべての旅行者は、使用している客室の等級にかかわらず、あらゆる公共スペースおよびデッキに制限なしで立ち入ることができる」とするものである。つまり、三等船室利用者でも、一等船室利用者同様にデッキや社交室を利用可能にするものであった。「船舶における自由」は、在郷軍人会会員間で差別的な扱いをすべきではないとの不満が出された一九二一年巡礼事業の問題点を克服するものであったのである。「これ〔船舶における自由〕は在郷軍人会の民主的な精神に合致した規定であり、在郷軍人会の一員として旅行をする人々にとって大きな喜びの源になるにちがいない」とフランス大会委員会は自負している（Elder 1927: 94）。

しかし、一九二七年当時の公務員の年平均所得は約一五〇〇ドルであり[4]、最低でもその五分の一を充てなければならないという点で、三〇〇ドルという旅費は依然として一般会員に対して高額の出費を迫るものであった。一九二六年六月一一日付けの在郷軍人会機関誌のなかで、ウィッカーは、巡礼参加希望者が「記憶」や「志」を熱意を持って語る一方で現実的な旅行準備はまったく疎かにされていると苦言を呈し、重要なのは「汽船のチケット」や「パリの客室」の代金を賄うための「資金」の確保なのだと強調して呼びかけている。

在郷軍人会が創設以来手がけてきた国民的事業のなかでも、フランスへのこの壮大なる巡礼計画ほど、世界大戦退役軍人にとって大変有意義なものは他に例がありません。……〔巡礼に参加したいと願う退役軍人が〕夢を抱き、記憶を呼び覚まし、志を持つことは大いに結構なのですが、その類のもので汽船のチケットは買えませんし、パリの客室を予約することもできません。それらを可能にする唯一のもの、それは資金です。資金の確保、そして一九二七年に四週間の休暇計画を立てておくこと、これらによってこそ世界史上最も偉大な記念活動に三万人の退役軍人が参加することが来年可能になるのです。

（Wicker 1926a: 20）

このような問題を解決するために新たに発案された制度が、各州支部に「コンベンション・オフィサー」と呼ばれる旅行担当者を一名ずつ置き、彼らに全国本部のスポークスマンとしての役割を担わせて一般会員の指導・動員を図るというものであった。旅行担当者の人選は州支部に委ねられていたが、鉄道料金に精通し、各汽船会社と客船に精通し、パリの多種多様な宿泊施設について参加希望者に説明することができ、戦場ツアーに詳しく、貯金クラブ（詳細は左記）を奨励することができる人物でなければならないとあらかじめ大会委員会によって通達されていた（Elder 1929: 240）。

さらに、大会委員会が新たに設置した制度が、巡礼に参加する在郷軍人会会員専用の「在郷軍人会貯金クラブ」の立ち上げであり、これはアメリカでは馴染みのある「クリスマス貯金クラブ」を模した制度として発案された（Wicker 1926b: 63）。貯金クラブの案内パンフレットには、旅費三〇〇ドルの貯蓄プランの一例として「週四ドル五二セント」を「たった六五週間」積み立てるだけでよいと紹介されており、大会委員会によって計画的貯蓄が推奨されていたことが確認できる（Northwestern National Bank of Minneapolis, Authorized American Legion 1925a）。また、同貯金クラブは、アメリカ遠征軍総司令官であるパーシング将軍が作戦立案中に使用した世界大戦戦闘地図を模した宣伝広告を在郷軍人会会員向けに作成しており、「この地域で過ごした日々を記憶に留めるために」と題し、「便利なノースウェスタン銀行のパリ旅行用貯金クラブに加入しましょう」と呼びかけている（Northwestern National Bank of Minneapolis, Authorized American Legion 1925b）。この旅行広告化された戦闘地図の事例が端的に示しているように、ウィッカーを中心とする大会委員会は、委員会発足当初から西部戦線巡礼の積極的な宣伝活動に自ら関与していくことになる。

一九二五年以降、フランス大会委員会によって新たに制度化された「在郷軍人会貯金クラブ」への参加は、単に多数の会員の渡仏を可能にするというだけではなく、巡礼事業への取り組みの「熱心さ」を示す指標としての役割も果たしていた。一九二六年四月二三日付けの在郷軍人会機関誌は、看護婦のみで構成されるペンシルベニア州支部ヘレン・フェアチャイルド基地から、「七三名」もの女性会員が貯金クラブに参加していることを以下のように大きく取り上げている。

七三名の〔ヘレン・フェアチャイルド基地の〕会員が、パリへ行くための貯金クラブに現在加わっています。同基地の基地司令官であるミス・アナ・L・ホーキンスと言葉を交わせば、自分は少々怠け者で、せっかくの機会をみすみす棒に振っているのではないかと、しがない男性会員は感じさせられることになりそうです。みるみるうちに用無しになりつつある男性たちのなかに、ミス・アナと肩を並べるほど熱心な態度で参加候補者を徹底的に探し出す者が少数でもいたならば、マクイッグ〔全国〕司令官は瞬く間に膨大な数の参加者を獲得してしまって思わず眩暈を覚えることでしょう。つまるところ、あの戦争に参加した陸軍看護婦の数は、調味料入れの数ほどに膨大なものではありません。ヘレン・フェアチャイルド基地はこの世の果てまで探索の手を伸ばし、参加候補者を獲得しているのです。（*ALW*, April 23, 1926）

「貯金クラブ」への参加は資金確保の手段であるばかりでなく、看護婦たちの「熱心な」巡礼事業への取り組みを証明する役割も果たしていたのである。ただし、この記述を根拠として、在郷軍人会における女性会員の地位が相対的に向上したと結論づけるのはあまりに早計であろう。在郷軍人会機関誌に目を通す読者の圧倒的多数は男性退役軍人であったという事実に鑑みれば、むしろ前記の記事は「少々怠け者」な男性会員側の危機感を煽り、新たな（男性）巡礼参加者の獲得に向けて彼らにより一層の努力を促すことを目的としたものであった可能性が高い。

表5-2は、一九二七年巡礼における州支部ごとの「参加者数」および「参加率」を筆者が一覧にしたものである。二七年巡礼においても二一年巡礼と同様に各州支部の規模に応じた参加者の「割り当て人数」（フランス大会委員会が各州支部に対して割り当てたもの）が存在しており、表の右欄に示した「参加率」は実際の「参加者数」を「割り当て人数」で割った数値である。この表に表れているように、二一年巡礼とは異なり参加者を一人も出すことのできない州支部は存在しておらず、サウスダコタ州支部（参加率一四パーセント）やアイダホ州支部（参加率一九パーセント）のような参加率の低い支部にしても一〇パーセント以上は割り当てを満たしている。このような事態の背景として、参加率を上げるほど州支部側が「利益」を上げることができる構造になっていたという事実がある。フランス大会委員会の方針の下、各州支部は前述した「在郷軍人会公認船」を提供する各契約汽船会社からチケットの売り上げに応じた仲介手数料を受け取れることとなったのである。具体的には、巡礼参加者を一人計上するごとに仲介手数料として約五ドルの報酬を獲得できることになり、各州支部における積極的な指導・勧誘活動の源となった。仲介手数料の使い道は「コンベンション・オフィサーの仕事上の発生経費」「コンベンション・オフィサーの旅費」「その他のあらゆる必要経費」（州支部の活動経費を指す）に充てることが認められていた（American Legion, Department of New York 1927: 41）。換言すれば、巡礼参加者を増やすほどに支部財政も潤う構造となっていたのである。最も多くの会員を巡礼に参加させることに成功したニューヨーク州支部では、「七六〇〇ドルにも上る利益」を収めること

表 5-2　1927 年巡礼における州支部ごとの参加者数と参加率（単位：人）

	支部会員数	割り当て人数	参加者数	参加率（%）
アラバマ	4,261	141	69	49
アラスカ	609	–	25	–
アリゾナ	3,747	140	52	37
アーカンソー	6,603	221	61	28
カリフォルニア	30,825	1,018	795	78
コロラド	7,378	239	180	75
コネティカット	8,745	288	229	80
デラウェア	1,144	37	59	159
ワシントン D.C.	2,711	89	149	167
フロリダ	12,946	501	401	80
ジョージア	7,863	–	80	–
ハワイ	976	–	25	–
アイダホ	4,816	172	32	19
イリノイ	57,762	1,929	1,106	57
インディアナ	18,305	610	349	57
アイオワ	33,160	1,135	361	32
カンザス	19,688	664	199	30
ケンタッキー	5,600	203	108	53
ルイジアナ	5,703	191	93	49
メイン	7,155	245	108	44
メリーランド	2,554	83	159	192
マサチューセッツ	31,998	1,067	837	78
ミシガン	16,314	612	369	60
ミネソタ	27,537	929	294	32
ミシシッピ	4,194	140	51	36
ミズーリ	11,153	367	240	65
モンタナ	5,200	132	74	56
ネブラスカ	18,717	687	178	26
ネヴァダ	926	31	11	35
ニューハンプシャー	4,745	154	78	51
ニュージャージー	13,356	427	564	132
ニューメキシコ	2,548	71	35	49
ニューヨーク	60,960	2,020	2,250	111
ノースカロライナ	9,822	326	203	62
ノースダコタ	8,103	271	58	21
オハイオ	34,656	1,155	871	75
オクラホマ	18,698	678	182	27
オレゴン	10,132	343	84	24
ペンシルベニア	54,161	1,774	1,684	95
ロードアイランド	2,928	98	71	72
サウスカロライナ	4,965	165	58	35
サウスダコタ	12,536	423	58	14
テネシー	9,208	308	248	81
テキサス	16,259	528	219	41
ユタ	2,469	83	29	35
ヴァーモント	3,122	105	45	43
ヴァージニア	6,064	203	127	63
ワシントン	11,945	402	140	35
ウェストヴァージニア	8,976	290	102	35
ウィスコンシン	26,031	876	367	42
ワイオミング	3,861	162	33	20
合計	684,135	22,733	14,200	62

出所：Elder（1928, 1929）より筆者作成。

ができたと州支部大会に出席したコンベンション・オフィサーが報告している（American Legion, Department of New York 1927: 46）。

そして、フランス大会委員会が企画したもののなかでおそらく最も重要になるのは、「在郷軍人会公認戦場・墓地ツアー」であろう（図５－１参照）。フランス大会委員会自身が報告書のなかで自負するところによれば、これはアメリカ軍海外戦場墓地を管轄する政府機関である「アメリカ戦闘記念碑委員会」（American Battle Monuments Commission, 一九二三年創設、以下「戦闘記念碑委員会」と略記）の協力を得て入念に調整された五系統の戦場ツアーであり、フランスの地元旅行会社のガイドおよび自動車を使用することによって価格は安価に抑えられている。現地調査役を務めたフランス大会委員会のＡ・グリーンロウ委員（パリ・コーカス参加経験者）の意見に基づいて、フランスの現地旅行会社に戦場ツアーの手配を直接委託した結果であった。これによって在郷軍人会は「史上はじめて完全な戦場ツアーを提供することができる」のだと大会委員会は記している[5]（Elder 1927: 105）。端的に言えば、一九二七年巡礼の戦場訪問とは選択制の団体自動車ツアーであり、五系統の戦場から各人が希望のコースを安価に選べることとなったのである。かつて在郷軍人会機関誌上で称揚されていた、「観光バスに乗り込むようなことはしない」ように心がける「真の巡礼者」としての退役軍人は、ここにおいて完全に影を潜めている。

在郷軍人会が政府機関の協力の下で定めた「在郷軍人会公認戦場・墓地ツアー」が網羅するのは、Ａサン・カンタン周辺（ソンム墓地あるいはフランドル戦場墓地を訪問）、Ｂシャトー・ティエリ周辺（エーヌ・マルヌ墓地あるいはオワーズ・エーヌ墓地を訪問）、Ｃアルゴンヌの森周辺（ムーズ・アルゴンヌ墓地を訪問）、Ｄサン・ミエル周辺（サン・ミエル墓地を訪問）、Ｅシャンパーニュ地方、の五つの区域とされており、Ａ～Ｄま

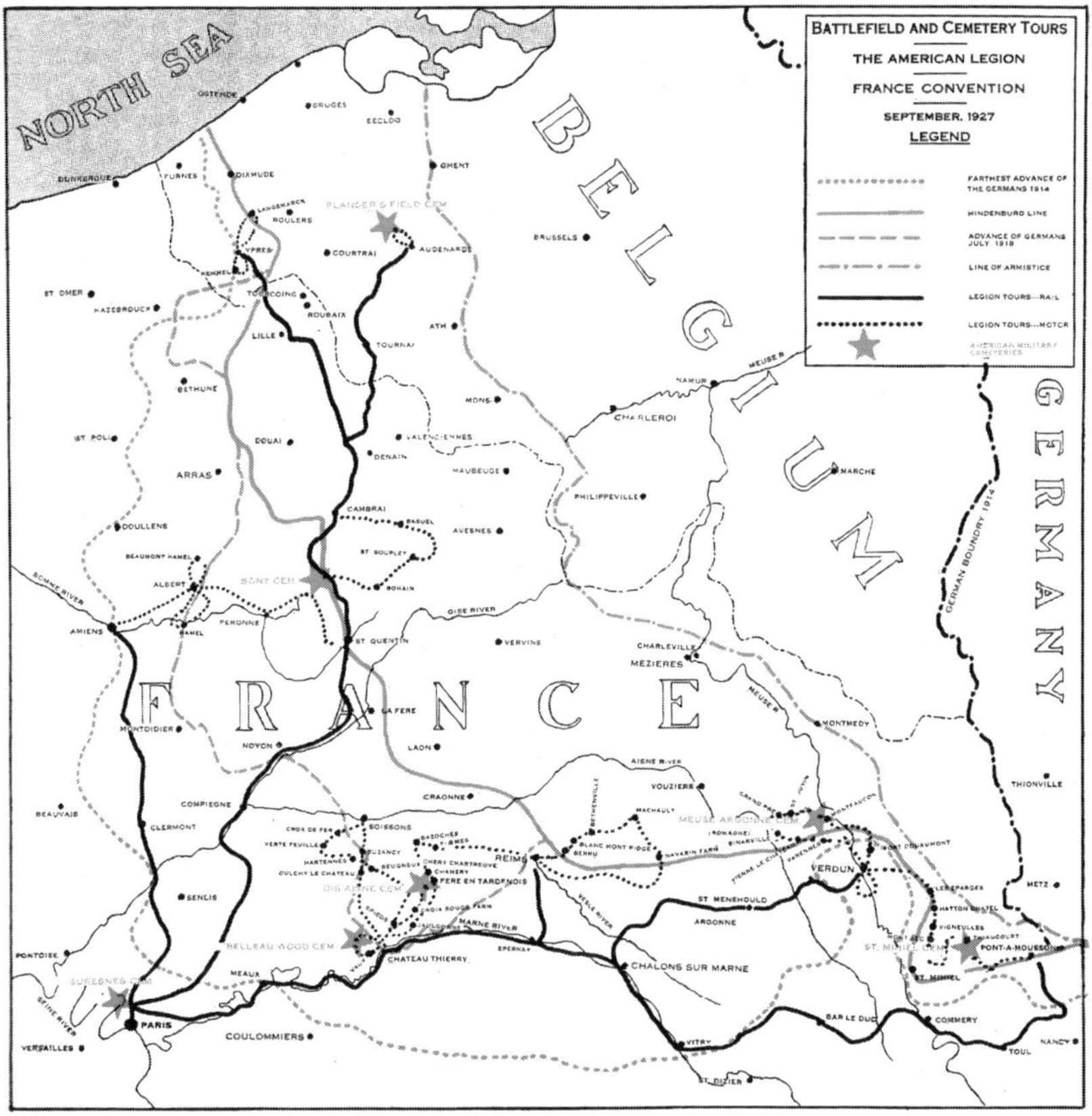

図 5-1　フランス大会委員会が作成した「在郷軍人会公認戦場・墓地ツアー」の地図（American Legion France Convention Committee 1927）

での旅程にはアメリカ軍戦場墓地への巡礼が必ず含まれている。この五系統の区分は、D・アイゼンハワー少佐（後の第三四代アメリカ大統領）によって同時期に執筆された、戦闘記念碑委員会発行の戦場ガイドブックの区分と同一のものとなっている（American Battle Monuments Commission 1927）。個人的な「聖地」の再訪が称揚されていた一九二一年巡礼とは異なり、一九二七年巡礼では公認コースを定められたままに辿ることが巡礼の「完全性」の証明とされたのである。

戦場巡礼のあり方のこのような変化の主な要因としては、一九二〇年代後半に入り、戦没者の遺体の本国移送および集約作業を終えたアメリカ軍戦場墓地の美化・整備が比較的すみやかに進められたことが挙げられる。事実、一九二五年六月一九日付けの在郷軍人会機関誌は、「ベローの森の墓地」の通称で知られるエーヌ・マルヌ墓地――かつて『ニューヨーク・タイムズ』上で「あらゆるアメリカ人墓地のなかでおそらく最も後進的、なおかつ、最も感動を呼び起こさない墓地」であると烙印を押された墓地（第4章第2節参照）――の現状を取り上げ、その「完璧な景観」を以下のように絶賛している。

ベロー〔の戦場墓地〕への巡礼を行う時間しか今回私は確保できなかったのですが、そこはパリからそう遠くない場所、シャトー・ティエリの近くに位置しています。私がそこへと近づくにつれて、木々の頂きの隙間から、高い旗竿に掲げられてはためく星条旗が見えてきたのです。「彼ら〔戦没者〕にふさわしい！」――これがどれほど重要な意味を持つことか！――墓地の入り口からなかに入ったときにも、私はそう思いました「彼らにふさわしいではないか！」。遺族から返還要求のあった戦没者の移送を終えてからというもの、整備作業は極めてすみやかに進められたのです。今や、フランスに眠る戦没者は、この地で永遠に眠ることとなりましょう。完璧な景観です。墓地は恒久的な形をとるようになったのです。植え付けられた若々しい樹木は、やがて成長して大樹となることでしょう。墓を覆う芝生はいずれ厚みを増すでしょうが、青々とした春の新芽の手入れがこれほど丁寧になされている事例はベローを措いて他にありません。規則正しく並んだ白い十字架が木々に覆われた丘の麓に広がっている光景は神聖なる記憶と見事に調和しており、これほどまでに見事な調和は他にあり得ないのです。慌ただしい観光客たちすら、ベローでは感化されずにはいられないでしょう。観光客を乗せた自動車は墓地を取り巻く砂利道を進み、墓地の背面を抜け丘を越えていくことになるのです。（*ALW*, June 19, 1925）

在郷軍人会全国本部が発行した参加者募集パンフレットのなかでも、一九二七年度全国司令官H・サヴェージが、今回の「神聖なる巡礼」の主要な目的地があくまで戦場墓地であることを以下のように強調している。「我々巡礼者は、九月にフランスで聖杯探求の旅を行うことになりますが、その聖杯の真のありかを無言で示しているのが左の〔戦場墓地の〕写真です。三万人の戦友たちが永遠の眠りについているはずの緑の丘、その地を大勢の退役軍人が彼らの友として訪れ、墓を見下ろして思いを新たにすることでしょう」（Savage circa 1926-1927）。さらに、在郷軍人会機関誌上でも「在郷軍人会パリ大会に参加することによって、大勢のアメリカ人巡礼者が自らに課された神聖なる義務としてアメリカ軍墓地を九月に訪れることになるでしょう」として、大規模な記念事業の成功はより多くの参加者が「神聖なる義務」を果たすことにつながると強調された（*ALM*, June 1927）。ここにおいて、西部戦線巡礼は契約汽船会社が在郷軍人会の組織財政にもたらす「利益」と表裏一体の関係を成すこととなったのである。

ただし、ここで注意しておかなければならないことは、五系統の「在郷軍人会公認戦場・墓地ツアー」は男性兵士の「第一の戦場」を主要な訪問地としたものであり、従軍看護婦の「第二の戦場」(兵站病院跡)は巡礼路からもとより排除されていたという事実である。同ツアーはあくまで「「戦争体験」のジェンダー化された序列」の中核(「A男性の戦闘体験」)を「神聖なるもの」として称揚していたのである。

この意味において、一九二七年巡礼に参加するために「熱心な態度で」貯蓄に励んでいたヘレン・フェアチャイルド基地の看護婦たちは、もっぱら州支部に「利益」をもたらすばかりの周縁化された参加者たちであった。しかし、だからといって、看護婦たちは常に男性退役軍人の言いなりに動く〈策略〉の被害者であったわけではない。後述するように、ヘレン・フェアチャイルド基地の元従軍看護婦たちは、彼女たち自身のやり方で戦場再訪を実現させるために「戦略」を立てていたのである(本章第3節参照)。

一方、図5-1の地図をあらためて見直してみると、五系統の「在郷軍人会公認戦場・墓地ツアー」をめぐる最も重要な論点は、フランスの地元旅行会社のガイドおよび自動車を使用することによってもたらされる「商品化」や「観光化」といった現象ではないという事実に気づかされる。巡礼ルートがパリから各アメリカ軍戦場へと放射状に伸びる図5-1の地図は、アメリカ遠征軍における「A男性の戦闘体験」をすべて網羅して崇拝対象とすることができる(すなわち、網羅的な「戦争体験の神話化」が可能になる)という点で、確かに「完全な(男性退役軍人向けの)戦場ツアー」であるように見える。この点は、USライン社がかつて在郷軍人会機関誌上で宣伝していた簡便な退役軍人向け戦場ツアー(パリから開始されパリで終わる一筆書きのルート)とは異なる点である(第4章第4節参照)。

しかしながら、図5‐1の地図を一八〇度反転させて眺めたとき、「完全な戦場ツアー」の様相は一変することになる――すなわち、パリから各戦場へと道が通じているのではなく、アメリカ軍兵士が戦ったすべての戦場がパリへと通じているように見えるのである。上下を反転させた図5‐1の地図の中心地はパリであり、そこでは「ＡＡパリ体験」が「Ａ男性の戦闘体験」に優越するという奇妙な図式が描かれることになる。

この奇妙な図式は、あたかも「ルビンの壺」（白と黒を反転させることによって、「人の顔」の間に「壺」が浮かび上がってくる）である。序列そのものが転倒したわけではない（ゆえに「Ｄ女性の従軍体験」は相変わらず不可視化されている）にもかかわらず、図の中心に従来存在しなかったはずのものが浮かび上がってくるのである。筆者は第1章において錯覚の効果をもたらす「組み替えられた「戦争体験」の序列」について述べたが（第1章図1‐2参照）、ここでもう一度、同序列を念頭に置いておきたい。次節にて論じるように、巡礼実施が差し迫った一九二七年以降、フランス大会委員会が在郷軍人会機関誌上で称揚していったのは、まさにこの「組み替えられた「戦争体験」の序列」の中核としての「ＡＡパリ体験」であったのである。

2　「機会を逸した人々」のために

巡礼実施が約半年後に迫った一九二七年一月時点において、内金五〇ドルを添えて参加申込みを済ませていた会員は一五〇〇人程度に留まっており、トラベル・ディレクターのウィッカーを中心とする大会委員会は五月までとされていた申込み期限を七月まで延長する等の措置を講じていた（*ALM*, March, July 1927）。また、参加申込み後のキャンセルも相次いで発生していた。このような状況を背景として、大会委員会は機関誌や各州支部のコンベンション・オフィサーを通じた巡礼参加者募集の強化キャンペーンを展開していくことになる。

ウィッカーは一九二七年半ばに各州支部のコンベンション・オフィサーに対して以下のような書簡を送っている。この書簡は「従軍するはずであったのにその機会を逸した人々」、すなわち渡欧・従軍体験のない退役軍人の存在を念頭に置いた上で積極的な勧誘活動を行うように指導しているものである。第一次世界大戦中に動員されたアメリカの軍人約四〇〇万人のうち、戦場であるヨーロッパに送られたのは全体の半分の約二〇〇万人であった（Pencak 1989: 41）。ウィッカーの指示は、渡欧・従軍体験者に参加資格を限った場合に比して募集対象者を劇的に増加させるものであった。

> 在郷軍人会の巡礼は、我々が言った通りのもの――つまり、生涯にまたとない経験をもたらしてくれるもの――であると皆に印象づけるために、ありとあらゆる努力を行ってください。行くことができるのに行かなかった人々が、後になって自身の過ちを悔いてももはや手遅れです。一昔前に我々は出征したわけですが、従軍するはずであったのにその機会を逸した人々が大勢いることを念頭に置いておいてください。彼らは生涯にわたって消えることのない未練の念に囚われつづけているのです。今となっては時間を巻き戻すことはできません。まだ間に合う今こそ、在郷軍人会の一員として船に乗り込むべき時なのだと皆に言い聞かせて欲しいのです。（*ALM*, July 1927, 強調は引用者）

巡礼がもたらしてくれる「生涯にまたとない経験」として一九二七年二月以降の機関誌上でその意義が強調されていったのは、全国大会開催都市であるパリの魅力であった。第1章第6節で確認したように、パリは「ほとんどの退役軍人にとって戦時中はずっと立ち入り禁止区域だった場所」であったため、たとえ渡欧・従軍経験のある世界大戦退役軍人であっても訪れた経験を持つ者が少ない都市であった（Levenstein 1998: 272）。一九二七年二月以降、在郷軍人会機関誌上には「パリへ（On to Paris）」と題された巡礼特集記事が毎月欠かさず連載されており、これは在郷軍人会会員としてパリへ赴くことを検討中の人々に向けた補助情報であると位置づけられていた（*ALM*, February 1927）。たとえば、機関誌三月号の記事では、会員に対して以下のように問いかけが行われている。

> アメリカ遠征軍に従軍した兵士のなかで、パリを最低でも一回は見物したことがあるという人はいったい何人いるのでしょうか？　この質問に対して答えようとすると、生涯消えることのない未練の念に苛まれる人が出てきます。人生初のパリ訪問に備えて軍隊休暇を取る準備は悉皆整えていたのに、戦況の変化に伴ってその休暇が魔法のように消されてしまった兵士が味わったのは悲劇であり、休戦協定締結後の悲劇としては、これを上回るものはないと言えます。（*ALM*, March 1927, 強調は引用者）

在郷軍人会の巡礼事業に参加すれば、パリ訪問の機会を逸した戦時中の「未練」を解消することができると呼びかけられているのである。さらに同記事は、戦時中にパリを訪れた経験を持つ者に対しても、以下のように呼びかける。

> 戦時中に訪れたパリをもう一度訪れたいという願いから、この九月にパリに赴く在郷軍人会会員も多いことでしょう。……そして、そのパリの外側に広がっているのが戦場と墓地であり、これらの場所は在郷軍人会会員による一週間のフランス滞在期間中に、アメリカ人が犠牲を払った土地として再聖化されることとなるのです。（*ALM*, March 1927, 強調は引用者）

ここにおいて、在郷軍人会の巡礼の構造自体が大きく転換していることが確認できる。一九二一年および一九二二年の段階においては、巡礼の中心はあくまで西部戦線の戦場であり、「パリ」はその外部に位置づけられていた。しかし、一九二七年巡礼においては、「パリに赴く」こと自体が巡礼における重要な要素として組み込まれている。たとえば、在郷軍人会機関誌一九二七年七月号が訴えかける「パリ」の魅力とは、具体的には以下のようなものであった。

> 〔パリには〕広い開けた広場があり、フランス史上聖地とされる場所を彫像が見下ろしています。公園のような素敵な並木道が、夢で見る魅力的な景色のように何マイルもつづいています。……偶然戦友と再会するのに世界で最も適した場所がオペラ広場です。旧友と巡り会う場所として名高いこの広場が、その名高さに値する場所であることに、休暇を取ってパリに赴いたアメリカ兵の多くが気づかされたのでした。そしてもちろん、オペラ広場の端に位置するカフェ・ド・ラペは、懐かしい友が現れるのを待

つのに理想的な場所です。ここでは、天蓋に覆われた歩道上に整然とテーブルが並べられ、パリジャンも旅行者も同じように飲み物を少しずつ飲みながら行き交う人々を眺めるのです。（*ALM*, July 1927）

さらに、機関誌九月号では、パリを訪れる在郷軍人会会員に対して、以下のような「感動体験」のあり方が紹介されている。

フランスでの最初の感動体験が訪れる時、それはパリに向かって走る在郷軍人会専用の特別列車が、質素な旧式の大人四〇人・馬八頭用貨車〔第一次世界大戦中に兵士の移動のために用いられた車両〕の隣で停車する時であり、クッションの利いた座席に腰掛けている退役軍人は、かつて自分が乗せられていた貨車がどこかへ向かう場面をふと思い起こすことでしょう。（*ALM*, September 1927）

重要なのは、これらの「感動体験」や「戦友との再会」のあり方が、すでに市場に流通していた一般観光客向けのパリ・イメージを明らかに流用したものであることである。たとえば、「パリに向かって走る列車の車窓から見える貨車で世界大戦を思い起こす」というくだりは、ハリウッドの脚本家の筆による大衆娯楽小説『ハドック夫妻のパリ見物』（この本は、特集記事上の旅行参考書籍リストで筆頭に挙げられている）の冒頭で登場済みの情景である[6]。また、「旧友と巡り会う場所として名高いオペラ広場」や「懐かしい友が現れるのを待つのに理想的なカフェ・ド・ラペ」といった説明も、当時の英米人向け観光ガイドブックのなかに登場する記述である（Griggs and Bartholomew 1924: 153; Reynolds 1927: 130）。

前述した在郷軍人会機関誌一九二七年九月号は、巡礼実施前に刊行される最後の機関誌であった。同月号には特別に巻頭広告が組まれ、巡礼事業の広告塔としてニューヨーク‐パリ間の大西洋単独無着陸飛行を同年五月に達成したばかりのチャールズ・リンドバーグが起用されている。リンドバーグの全身写真付きの同広告（図5‐2参照）には、リンドバーグ自身が巡礼に赴く退役軍人に贈る言葉として以下のように綴られている。

アメリカ遠征軍に参加した二〇〇万人のなかでも、パリを見物したのはほんの一握りの人間だけです。今年の五月末になるまで、僕自身もパリを目にしたことが一度もありませんでした。ですが僕は、僕を歓迎してくれたパリジャンの心の温かさを証言できますし、そして僕はパリで見て聞いてきたので知っているのですが、九月にアメリカ在郷軍人会第九回全国大会に参加するためにパリへ赴くアメリカの世界大戦退役軍人は、きっと熱烈な大歓迎を受けるにちがいありません。

ちょうど一〇年前の七月四日、パリの通りを行進し喝采を受けたアメリカ遠征軍の先遣隊――これから押し寄せる師団の証としてとても印象的であった一握りの男たち――彼らのように喝采を受けることになるでしょう。（Lindbergh 1927）

「一〇年前の七月四日」、すなわちアメリカ合衆国独立記念日という印象的な日にパリで上陸パレードを行ったのは第一師団第一六歩兵連隊第二大隊であり、この出来事は「史上はじめて、独立記念日が他国でも国民の祝日となって祝われた日」として、戦時中の新聞メディアで大きく報道されていた（*The New York*

Times, July 6, 1917)。この広告は、在郷軍人会の西部戦線巡礼に自弁で参加することによって、パリで喝采を受けた「一握りの男たち」と同様の体験をすることができると宣伝しているものである。[7]

換言すれば、在郷軍人会の一員として戦場巡礼に赴く者だけが享受できるとされた「感動体験」は、一九二〇年代当時のアメリカ社会にすでに流布していた流通性の高いパリ・イメージを作為的に抽出・援用したものであり、パーシング将軍とフォッシュ元帥を招いての退役軍人パレードという公的記念行事に、娯楽小説や観光ガイドブック等のメディアを巧みに接合させて「戦争の平凡化」を図ったものであった。[8] このように見てくると、フランス大会委員会が称揚した「生涯にまたとない経験」――「組み替えられた「戦争体験」の序列」の中核としての「AAパリ体験」――とは、つまり「B男性の従軍体験」を加工したものであり、娯楽小説やガイドブックのイメージを織り込んで虚実ないまぜにしながら「受け容れやすい」戦争を提示したものであったことが明らかになる。そこでは、「七月四日のパリのパレード」「パリに向かう列車の車窓から見える旧式の貨車」「パリのカ

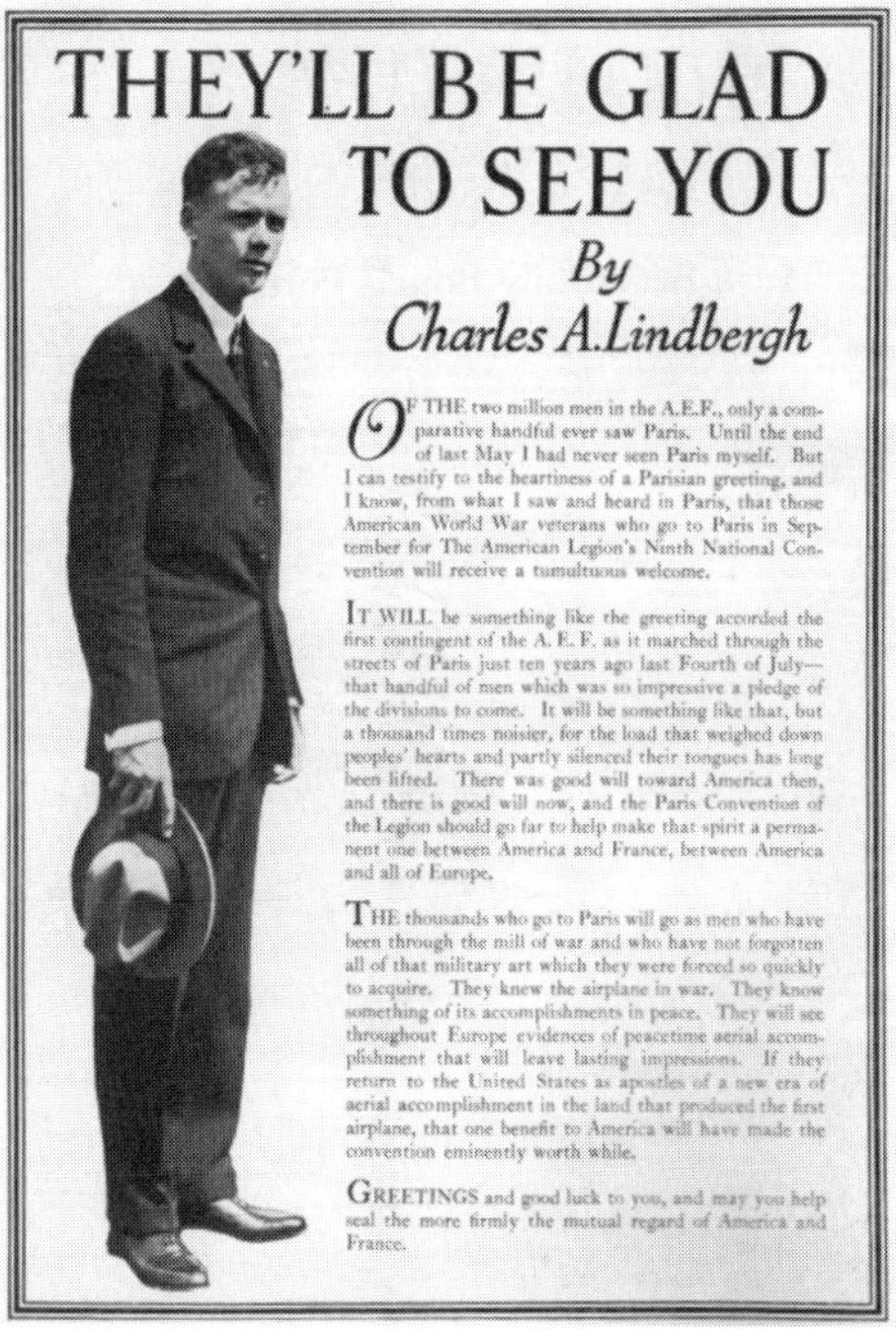

図 5-2　「彼ら〔フランス人〕はあなた方を歓迎してくれることでしょう」（Lindbergh 1927）

フェ」といった特定の表象（加工された「B男性の従軍体験」）が優先的に抽出される一方で、シェル・ショックや毒ガスの恐怖といった悲惨な戦場体験は捨象されてしまっている。イギリスにおける戦争博物館を分析したL・ノークスの言葉を借りれば、ここでは世界大戦という過去が「消毒されてしまっている、あるいはロマンチックに美化されてしまっている」のである（Noakes 1997: 93）。

加えて大会委員会は、戦時中の赤十字の救護所や救世軍の軽食堂を模した仮施設を主要訪問地に設置し、これによって一九二七年巡礼参加者は「アメリカ遠征軍と同じ」体験をすることができると強調した（*ALM*, September 1927）。とりわけ、「仮兵舎（Hut）」と名づけられたパリ市内のテントで販売されたドーナツやコーヒーは参加者の間で実際に大盛況を博し、「常に長蛇の列ができていた」と報告されている（Moody 1931: 14）。注目すべきは、大会委員会が提供する「従軍体験」が実際に集客に成功したことであり、さらにこの手法が組織拡大にあたっても戦略として応用されたことである。アラバマ州支部の記録は、二七年巡礼から帰国したある地方基地の司令官が「パリでは遙か昔の日々を懐かしがる男たちばかりだったと熱情を込めて報告してくれた」と記している。この基地司令官は、巡礼参加経験から着想を得て、新入会員獲得のためにある地区の退役軍人を分け隔てなく全員バーベキューに招待し、そこでは「軍隊式の昔懐かしいやり方」で淹れられたコーヒーが振る舞われた。その結果、「［当該地区の］会員は二〇人から一挙に一六八人にまで増加した」という（Owen 1929: 168）。

さらに重要なのは、この基地司令官自身が「機会を逸した人々」、つまり渡欧・従軍体験のない退役軍人の一人だったという事実である。[9] 第1章第6節にて述べたように、「満州」観光を記憶の商品化という視点から論じた高媛は、「ノスタルジックな感情を引き起こすものが、自分自身の体験した過去であるかどうか」という基準に応じて、ノスタルジーを「一次的郷愁」と「二次的郷愁」（あるいは擬似郷愁）に区別する（高 2000: 27）。この区別に基づけば、在郷軍人会の一九二七年巡礼とは、従軍体験のある退役軍人の「一次的郷愁」のみならず、[10] 銃後に留まった退役軍人のフランスでの「擬似郷愁」をも喚起することを可能にした組織事業であった。

モッセは以下のように論じる。「戦争は……戦場観光旅行になることで、平凡化されていったのである。かくて、戦争体験は思いのままに歪曲され操作された。復員兵はこうした戦争の平凡化を嘆いた。戦中戦後を通じて、平凡化を推し進めがちだったのは、銃後に留まった者や若すぎて従軍しなかった者である」（Mosse 1990=2002: 13, 引用文のルビは省略）。本節でも明らかにしてきたように、一九二七年巡礼の重要な担い手とされていたのは「機会を逸した人々」、すなわち銃後に留まった退役軍人であり、そこで消費されていたのは「消毒されてしまっている」従軍体験であった。

しかし、巡礼事業の企画者としての退役軍人組織に注目すると、モッセの想定において等閑視させられている極めて重大な局面に気づかされる。「フランス大会委員会」として一九二七年巡礼を指揮したウィッカー、エルダー、グリーンロウは、いずれも渡欧・従軍体験のある退役軍人であった。[11] ウィッカーらは「まったくの一般会員によって担われる」大規模巡礼を成功に導くという観点から、特定の退役軍人を頂点に据える旧来の巡礼をあらためた。彼らは巡礼参加者を増やすほどに支部財政が潤う新たな利益構造を生み出し、娯楽小説や観光ガイドブック等の流通性の高い商業メディア上のイメージを巡礼勧誘活動に巧みに用い、結果として戦争を「思いのままに歪曲」「操作」する作業にむしろ積極的に従事していった。「戦争の平凡化」が事業拡大を図る在郷軍人会全国本部によって意図的に担われるとき、組織創設期に称揚されていた

「真の巡礼者」像（苛酷な戦闘体験を持つ男性退役軍人による戦場再訪というイメージ）そのものにも、根本的な変更が加えられる――巡礼の中心地となる新たな「聖地」がパリに創出される――ことになるのである（本章第5節参照）。

ここで第1章のなかで提示した「「戦争体験」のジェンダー化された序列」（図1‐1参照）にもう一度立ち返ってみたい。この序列にしたがえば、「擬似郷愁」の装置は「B男性の従軍体験」と「C男性の入隊体験」の境界を曖昧にする一方で、崇拝対象としての「A男性の戦闘体験」に影響を及ぼすことは少なく、したがって「擬似郷愁」に基づいて戦場巡礼者の「聖地」がパリに新設されるという事態は考えにくい。しかしながら、一九二七年巡礼において新たに立ち現れた「組み替えられた「戦争体験」の序列」（第1章図1‐2参照）のなかにあっては状況が異なる。この新たな序列のなかにあっては、「AAパリ体験」（加工された「B男性の従軍体験」）が「A男性の戦闘体験」より高位に据えられており、そうであるからこそ「擬似郷愁」の装置は在郷軍人会の巡礼事業に大いなる影響を及ぼすことができた。ここにおいて、「組み替えられた「戦争体験」の序列」と「「擬似郷愁」の装置」という二つの「〈策略〉としての「戦争の平凡化」の過程」が同時に機能しているのである。

3　元従軍看護婦のフランス再訪

前節で確認したように、フランス大会委員会は「遙か昔の日々を懐かしがる男たち」（つまり、男性退役軍人）の「郷愁」をかきたてるさまざまな装置を提供していた。当然のように、これらは主に男性兵士の「懐かしさ」にまつわるものばかりであり、従軍看護婦向けの「懐かしさ」はほとんど提示されていない。巡礼者の主要訪問地に設置された「赤十字の救護所」（を模した仮救護施設）が、唯一従軍看護婦に明確にかかわるものであるが、パリで発行された在郷軍人会版『星条旗新聞』によれば、この「救護所」は英語の通じる医師・看護婦（在郷軍人会の依頼を受けてアメリカ赤十字からパリに派遣されてきた人々）が巡礼者（怪我人・急病人）を手当てするための施設であり、元従軍看護婦に再会の場や思い出語りの場を提供する施設ではなかった（*The Stars and Stripes*, September 18, 1927）。にもかかわらず、ヘレン・フェアチャイルド基地の看護婦たちが男性会員よりも「熱心な態度で」一九二七年巡礼に参加した背景には、いかなる事情が存在したのであろうか。ペンシルベニア大学に残された資料によれば、同基地は最終的に「六九名」の看護婦を渡仏させており、「これほど多くの会員を送った基地は他にない」状況であったという（Fuhrmann 1927: 1）。

ニューヨーク市の出版社ドウティ・コーポレーションは、一九二七年巡礼が終了した直後に『アメリカ遠征軍再び（*The Second A.E.F.*）』と題した在郷軍人会の戦場巡礼写真集を出版しているが、この写真集が一つの手がかりを提供してくれる。同写真集のなかから、従軍看護婦の「第二の戦場」との関連で最も重要になるものを挙げるならば、「看護婦たちも（Nurses, Too）」と題された写真であろう（図5‐3参照）。在郷軍人会の一員として九月一九日のパレードに参加した看護婦たちの姿であるということ以上の説明書きはないが、彼女たちは全員、戦時中の陸軍看護婦の外出用制服（図5‐4参照）らしきものを身につけている。「らしきもの」と言わざるを得ないのは、彼女たちが身につけている制服が、明らかに一九二〇年代のデザインに改変されているためである。在郷軍人会会員として渡仏した「看護婦たち」は決定的に短くなった膝丈のスカー

図 5-3　「看護婦たちも」。1927 年巡礼に参加し、シャンゼリゼ通りでパレードを行う看護婦たち（Shafer 1927: 19）

トをはき、さらに幾人かは二〇年代に大流行した肌色のストッキングをはいているように見える。もっとも、一九二〇年代当時の現役の陸軍看護婦の外出用制服は（戦時中同様のダーク・ブルーではなく）、明るいオリーブ・ドラブ色に刷新されていた。[12] 図5-3のなかの黒みを帯びた看護婦制服「らしきもの」は、少なくとも戦時中を彷彿とさせるという点では成功を収め、『アメリカ遠征軍再び』の一葉として写真集のなかに加えられたのであろう。

ヘレン・フェアチャイルド基地の関連資料を確認する限りにおいて、在郷軍人会に所属する元従軍看護婦たちは、組織上層部（全国本部ないし州支部）から一九二七年巡礼の服装に関する指示は受けていない。元従軍看護婦たちは「戦時中の制服」（であると彼女たち自身が思うもの）を、自発的に着用して二七年巡礼に参加していたのである。同基地の会員として二七年巡礼に参加した元従軍看護婦イーディス・ルイス（戦時中はフランス、カミエの病院に従軍）は、帰国後に地元新聞の取材に対して以下のように証言している。

　パリにて在郷軍人会の大会に参加したミス・イーディス・ルイスは、今回の旅に関する興味深い出来事を語り聞かせてくれた。……

パリへと出かけた看護婦たちは戦時中の制服を着ることにしていたので、フランス人女性たちが彼女たちを認めて「看護婦さん《アンフィルミエール》!」と声をかけて歓迎してくれたとのこと。ミス・ルイスによれば、海外のほとんどの場所で英語が通じたので、意思の疎通に困ることは一切なかったということだ。(*Wellsboro Agitator*, November 23, 1927)

全国本部が一九二七年巡礼参加者向けにパリで発行した在郷軍人会版『星条旗新聞』によれば、ヘレン・フェアチャイルド基地から戦場巡礼に参加した看護婦たちは「フランス、イギリス、そしてベルギーへ従軍した経験を持つ者」であったという(*The Stars and Stripes*, September 17, 1927)。図5-3に表れている膝丈スカートの看護婦たちが、彼女たち同様に全員従軍体験者であるとするならば、「戦時中の制服」の完璧な複製にこだわらなかったのは、制服で「本物らしさ」を過剰に演出する必要はなかったためであるということになるだろう。制服の主な着用目的がホスト側であるパリ市民に「歓迎して」

図 5-4 第一次世界大戦期アメリカにおける陸軍看護婦の外出用制服(Joel Feder, 1914. Library of Congress 所蔵)

もらうことであるならば、重要になるのはむしろパリの流行に見劣りしないファッション性を「戦時中の制服」に付与すること――自分があの戦争に従軍した看護婦《アンフィルミエール》であると認めてもらえる範囲でデザインを最新のものに変更すること――になるのである。

いずれにせよ、図5‐3の写真およびイーディス・ルイスの証言が示しているのは、男性在郷軍人会会員のみが軍服姿で行進した一九二二年巡礼とは異なり（第4章第3節参照）、一九二七年巡礼では「看護婦たちも」「戦時中の制服」を着て行進し、パリ市民の「歓迎」を受ける権利を獲得したという事実であり、この点は看護婦自身にとって大きな進展と捉えられていたことであろう。ペンシルベニア大学に残されたヘレン・フェアチャイルド基地会員アミナ・ファーマン（第一〇兵站病院の「オリジナル看護婦」の一人）の旅行記のなかにも、同基地の看護婦たちが「制服」を着てシャンゼリゼ通りのパレードに参加した事実が、以下のような感動をもって記されている。

制服を着た五二名のペンシルベニア州の看護婦たちの先頭に立ち、基地の旗を掲げてずっと行進していたのは私だったのです。……凱旋門をくぐって、まさに「パレード用歩道」と化しているシャンゼリゼ通りを下っていきながら、私は旗を握り締め、目を忙しく動かしていました……私たちが進む道の両側は人々で溢れかえっていて、学校の合唱団や、大勢の戦争孤児の少年少女や、至る所に花を投げかけている人々や、目に涙を浮かべている年配の男女がおり、そして私たちの前後には「アメリカ万歳《ヴィーヴ・ラメリーク》」という皆の叫び声が響き渡っていました。もし私が一〇〇歳まで生きたとしても、目を瞑ればあの日の光景がそっくりそのまま浮かんでくることでしょうし、声も耳にすることができるでしょう。（Fuhrmann

1927: 7）

この意味において、フランス大会委員会が事前に予告していたように、一九二七年巡礼は看護婦にとっても確かに「生涯にまたとない経験をもたらしてくれるもの」であったのである。

ただし、ファーマンの旅行記によれば、ヘレン・フェアチャイルド基地の看護婦たちはこの「制服」を乗船時やパレードの際に着用していただけでなく、パリでの娯楽活動中にも着用していたという。ファーマンは「制服」がパリでの「ショッピング」にもたらす効果を以下のように書き記している。

> 私たちは「ペテン」にかけられて「倍額」を請求されることになるなどと、今回旅に出かけようとしなかった在郷軍人会の仲間たちの多くがそう言っていたわけですが、これはまったく出鱈目で、不公平な言い分です。大会開催中にパリで一週間を過ごした人は、アメリカで一週間を過ごすよりもずっと低費用で済ませることができたのですから。……私たちは制服を着用していたので、ショッピングをしたいくつかの場所では値引きしてもらえましたし、全体として支払った金額に十分見合うものを手に入れ、とても親切にしてもらえました。（Fuhrmann 1927: 4）

ファーマン自身が薄々気づいているように、フランス人（特に店員）が元従軍看護婦たちに「とても親切に」接してくれたという事実は、第一次世界大戦後におけるドルの経済的優位性（「パリで一週間を過ごした人は、アメリカで一週間を過ごすよりもずっと低費用で済ませることができた」という状況）なしには説明することができない。しかし、それをあくまで「戦時中の制服」のおかげ――自分があの戦争に従軍した看護婦《アンフィルミエール》であると相手が認めてくれたからこそ――と解釈することによって、彼女たちはパリで擬制的身分を楽しむことができたのである。

表5-3は、ファーマンの旅行記に基づいて、一九二七年巡礼におけるヘレン・フェアチャイルド基地の看護婦たちの旅程を筆者が一覧にしたものである。[13] 約一カ月にわたる旅程を記したファーマンの旅行記のなかで、制服着用が特に有益だった場面として挙げられているのは、店員に「値引きしてもらえた」パリでの「ショッピング」と、パリ市民に「歓迎」してもらえた「パレード」のみであり、フランドル戦場墓地訪問（九月二〇日）やル・トレポール（第一〇兵站病院跡）再訪（九月二八日～三〇日）に関する記述では、制服着用の有無について言及していない。従軍体験者であるファーマンにとって、「戦時中の制服」はパリ市民の「親切」や「歓迎」を引き出すための装置であって、戦場再訪において必要なものであるとは考えられていない。これは換言すれば、一九二七年巡礼において元従軍看護婦が着用していた「戦時中の制服」は、実際のところ戦時中の制服ではない――たとえデザインに一切変更を加えなかったとしても、旅行用に自発的に着用した段階でもはや戦時中のそれとは性格が大きく異なる――ということに、彼女たち自身が気づいていた証であるとも言える。

戦時中においては陸軍看護婦の外出用制服は、女性の身体に「軍人らしさ」を与える上で不可欠な役割を担っていた。ヘレン・フェアチャイルド自身が、故郷アメリカの家族に対して生前（一九一七年）に以下のような手紙を書き送っている。

表 5-3 アミナ・ファーマンの旅行記にみる元従軍看護婦たちの旅程

日付	スケジュール
9 月 8 日	ニューヨークよりフランスへ向けて出航
9 月 16 日	夜にル・アーヴル着
9 月 17 日	特別列車にてパリ、サン・ラザール駅に到着。モンマルトルのホテルにて宿泊手続き。その後、地下鉄に乗ってパリ散策。深夜にパリ第 1 基地主催のダンス・パーティー（オルセー宮ホテルにて開催）に参加
9 月 18 日	ノートルダム大聖堂にてフォッシュ元帥が出席する礼拝に参加。その後、パンテオン、リュクサンブール宮殿および公園、クール・ラ・レーヌ（在郷軍人会パリ本部所在地）を巡る
9 月 19 日	シャンゼリゼ通りにて在郷軍人会パレードに参加
9 月 20 日	戦場ツアーに参加、ベルギーのフランドル戦場墓地を訪問
9 月 21 日	パリにてブローニュの森、ルーヴル美術館、カルーゼル広場を見物
9 月 22 日	パリ北駅に向かう。百貨店ギャラリー・ラファイエットでショッピング。エッフェル塔の最上階に登る。廃兵院にて在郷軍人会の楽団の演奏を聴く。夜にはフランス政府主催の舞踏会（オペラ座にて開催）に参加し、午前 3 時にホテルに戻る
9 月 23 日	列車にてベルギーへ向かう。昼までにブリュッセルに到着。市内観光、およびワーテルロー見物。夕方には劇場に向かい、フランス語のミュージカルを鑑賞
9 月 24 日	列車にてアントワープへ向かう。市庁舎や大聖堂を見物。午後遅くにブリュッセルに帰着。その後、夜行列車でパリへ出発
9 月 25 日	早朝にパリ到着。教会の礼拝に参加。その後、ヴェルサイユに向かい宮殿見学。夜遅くにパリに戻り、モンパルナスで夕食
9 月 26 日	早朝にフォンテーヌブローへ出発、庭園や宮殿を見学
9 月 27 日	パリにてショッピングと観光。凱旋門の上に登りパリを一望する。夜はカジノ・ド・パリでドリー・シスターズのダンスを見物。その後、キャバレーに向かい、飲酒やダンスをしながら「パリ最後の夜」を過ごす
9 月 28 日	パリ北駅からル・トレポールへ向かう
9 月 29 日～30 日	ル・トレポールにて兵站病院跡を再訪する
10 月 1 日	ル・アーヴルへ出発。夜にアメリカへ向けて出航
10 月 11 日	ニューヨーク着。出迎えに来た友人と夕食をとり、列車にてフィラデルフィアに戻る

出所：Fuhrmann（1927）より筆者作成。

言い忘れていたと思うのですが、私たちは常に制服を着ています。私たちの外出用の制服は厚手のダーク・ブルーのサージ生地で、本当に軍人らしい作りになっており……青い中折れ帽を被っています。当初、私たちはいつでも制服を着ていなければならないという考え方を嫌っていたのですが、今ではその考えが賢明であることを理解するようになりました。制服は私たちを守ってくれるものであり、私たちは無料でどこへでも入れるのです。（Fairchild 1917, in Rote 2006: 48）

一九一八年一月にフェアチャイルドがル・トレポールで病没した際、彼女を弔う葬儀に参列した同僚の陸軍看護婦たちが一様に身につけていたのもこの「軍人らしい」制服であった。同年一月にル・トレポールにて行われたヘレン・フェアチャイルドの葬儀の様子を写した写真には、外出用制服を着用して十字架の前で整列する従軍看護婦たちの姿があり、前列中央で俯くマーガレット・ダンロップ（第一〇兵站病院看護婦長）の姿も捉えられている（Rote 2006: 213）。

一方、フェアチャイルドの死から九年が経過した一九二七年にル・トレポールを再訪したアミナ・ファーマンは、その変わり果てた風景を以下のように描写する。

イギリス海峡沿いのノルマンディーの崖の上の、あの懐かしい場所を再訪するために、私たちは丸二日間と半日を費やしたのです。私たちはあの土地の海岸と内陸を何マイルもあちらこちら歩いて旅行し、一九一七年から一九一九年にかけての日々の間に知り合いになった人に幾人か出会いましたが、病院跡は道路や建物の大群によって消し去られてしまっており、魅力的な避暑用の別荘がすでに数多く建設されていました。ル・トレポールは、ものすごく繁盛しているサマー・リゾートになっていたのです。(Fuhrmann 1927: 13)

当初、ヘレン・フェアチャイルドの墓はル・トレポールの墓地に置かれていたが、墓地を整備・統合していく過程でその遺体は掘り起こされ、アメリカ政府管轄下にあるソンム墓地に移されたことはすでに述べた(第2章第4節参照)。しかし、ヘレン・フェアチャイルド基地の看護婦たちが巡礼の最終的な目的地――つまり、彼女たちにとっての「聖地」――に選んだのは遺体の移送先のソンム墓地ではなく、あくまでル・トレポールであった。[14] この意味において、ヘレン・フェアチャイルド基地の看護婦たちは、一九二〇年代初頭に在郷軍人会機関誌上で称揚されていた「真の巡礼者」と呼ぶにふさわしい旅程を――少なくとも旅程の終盤には――自ら組んでいたのである。

他方、もはや本当の意味では「戦時中の制服」にはなり得ない「軍人らしい」制服は、「ショッピング」や「パレード」用の衣装と化していった。一九二七年巡礼において在郷軍人会の元従軍看護婦たちが提示していたのは、看護婦の「軍人らしさ」を強調する一方で、「A男性の戦闘体験」を脅かすことは一切ない、懐かしく「受け容れやすい」戦争――すなわち、「切り詰められた「第二の戦場」」――であったのである。看護婦自身による「戦争の平凡化」と言うべきこの戦略は、実際に功を奏した。一九二七年一二月号の在郷軍人会機関誌に掲載された巡礼事業報告記事には、ヘレン・フェアチャイルド基地の看護婦たちが「人目を引く制服」をまとって今回の巡礼に参加した事実が明記されている(*ALM*, December 1927)。

自分たちが「何者であるのかすらわかってもらえていない」という元従軍看護婦たちの積年の不満(第4

章第3節参照）は、ここにおいて一応解消されたことになる。しかし、同報告記事は、一九二七年巡礼に参加した在郷軍人会の女性親族（妻、母、妹など）の多くが身につけていた「制服」も同様に「人目を引く」ものであったと伝えている（*ALM*, December 1927）。この「制服」は具体的には、「白衣」の上に「赤い裏地付きの青いケープ」を羽織る（図5 - 5参照）というものであり、これは戦時中の赤十字看護婦の制服（図5 - 6参照）をそのまま模倣したものであった。ドウティ・コーポレーションの写真集には、この「制服」を着てシャンゼリゼ通りを行進する女性たちを写した写真も、戦時中を彷彿とさせる『アメリカ遠征軍再び』の一葉として掲載されている（図5 - 7）。

元従軍看護婦たちによる「戦時中の制服」の着用は、「第二の戦場」（兵站病院）への従軍体験を彼女たち自身が望む方法で可視化させる（「D女性の従軍体験」を切り詰めて「B男性の従軍体験」に重ね合わせる）戦略である一方で、最終的には「D女性の従軍体験」そのものを「人目を引く」ファッションに埋没させてしまう（換言すれば、自身の体験のさらなる周縁化・不可視化を招いてしまう）危険性を常に孕んでいた。[15] 事実、巡礼終了後の在郷軍人会機関誌記事上では、ヘレン・フェアチャイルド基地の看護婦たちによるル・トレポール再訪については一言たりとも触れられなかったのである。第2章第5節で取り上げた機関誌投稿欄上のミネソタ州の元陸軍看護婦の嘆き（「今年は思い出してもらえるのでしょうか?」）がここで想起されよう。男性退役軍人は結局のところ、戦時中の看護婦の献身を「思い出して」くれることはなかった。巡礼事業終了後には「「戦争体験」のジェンダー化された序列」を何事もなかったかのように回復することこそが、「第二の戦場」をめぐる在郷軍人会全国本部の〈策略〉であった。この意味において、「切り詰められた「第二の戦場」」の提示は、看護婦自身にとって諸刃の剣であったと言える。

図 5-6 戦時中の赤十字看護婦の制服（Joel Feder, 1918. National Archives and Records Administration 所蔵）

図 5-5 1927 年巡礼における女性親族用の制服（Shafer 1927: 39）

図 5-7 制服を着てシャンゼリゼ通りでパレードを行う女性たち（Shafer 1927: 103）

一九二七年巡礼における女性参加者（元従軍看護婦に代表される女性在郷軍人会会員、あるいは妻、母、妹といった在郷軍人会の女性親族）の正確な総数を確認できる史資料は管見の限り存在しない。二七年巡礼に関する米仏の雑誌・新聞メディアの分析を行ったB・ブロワーは、女性参加者の総数を「約三〇〇〇人から四〇〇〇人」と見積もった上で、彼女たちは結局のところ「周縁化された役割ないしマスコット的な役割を果たした」に過ぎなかったと結論づけている。ブロワーによれば、在郷軍人会の二七年巡礼は「公的生活および政治的生活における女性の役割をより大きなものにするような糸口をほとんど与えるものではなかった」のである（Blower 2011: 202, 306）。

しかしながら、ブロワーが論じるような女性参加者の「周縁化された役割ないしマスコット的な役割」のみに注目するのであれば、多数の一般会員を巻き込んでいく「戦争の平凡化」の過程の重要な側面の一つ――「第二の戦場」をめぐる看護婦たち自身の戦略――を見落としてしまうことになるだろう。「AAパリ体験」（加工された「B男性の従軍体験」）を中心とする「組み替えられた「戦争体験」の序列」のなかにあって、元従軍看護婦が「軍人らしい」外出用制服を身につけて擬制的身分を享受すること――つまり、「B男性の従軍体験」と「D女性の従軍体験」の間に横たわる断絶を乗り越えること――とは、たとえ一時的であったとしても看護婦が「戦争体験」の序列の中心に立つことにほかならなかったのであり、そうであるからこそアミナ・ファーマンは「一〇〇歳まで生きたとしても」決して色褪せることのない感動を自らの旅行記のなかに書き残したのであった。

少なくとも一九二七年巡礼に参加したアメリカ人女性たちは（元従軍看護婦にしろ、女性親族にしろ）、自発的に身につけた「制服」姿を公衆の前に示すことによって「第二の戦場」をめぐる戦略を展開し、自ら「巡礼者」として振る舞う力を持っていた。他方、在郷軍人会の二七年巡礼において、もっぱら物言わぬ象徴として「セクシュアル化」されていったのが、ホスト側として在郷軍人会員をもてなす役割が期待されていたフランス人女性である。次節で、それを検討する。

4 「神聖なるもの」の危機

本節では、在郷軍人会会員用（一九二七年巡礼参加者用）にフランスにて販売された土産物のなかのフランス人女性表象を分析対象とする。「戦争目的のセクシュアル化」を、「〈策略〉としての「戦争の平凡化」の過程」の一つとして捉え直すこと、すなわち、フランス人女性をめぐる在郷軍人会会員の「性的空想《ファンタジー》」が「戦争体験」の序列を曖昧化する過程を考察し、場合によってはその過程と「戦争体験の神話化」（序列の厳格化の過程）との間に破壊的な関係が生じる事実を明らかにすることが、本節の目的である。

ただし、「救った者」（アメリカ）と「救われた者」（フランス）のジェンダー化された関係が「平凡なる」土産物の形をとったからといって、それが在郷軍人会における「戦争体験」の序列を即座に危険に晒すわけではない。ここでは、まず、在郷軍人会会員用のフランス製土産物絵はがきを事例として、一九二七年巡礼における「救った者」と「救われた者」の描かれ方を確認しておきたい。[16]

巡礼事業を指揮する在郷軍人会全国本部自身が巡礼実施の月にあたる機関誌（一九二七年九月号）の表紙に描き出していたのは、独立戦争の英雄である「ラファイエット」であり、義勇兵としての男性表象であった

図5-8　「ラファイエット」（*ALM*, September, 1927）

（図5‐8参照）。第一次世界大戦中の愛国的なプロパガンダ・ポスターの作者として知られるハワード・チャンドラー・クリスティが描いたこの表紙イラストによって全国本部が印象づけようとしているのは、言うまでもなく、米仏間の「男同士の絆」（Sedgwick 1985=2001）であろう。以下に見ていくように、一九二七年巡礼に参加した在郷軍人会会員向けのフランス製土産物絵はがきのなかにも、米仏の男性兵士同士の「友情」を主題としたものは複数確認できる（図5‐9および図5‐10参照）。

　第一次世界大戦を描いた戦争絵はがきは、「戦争の平凡化」を推進する上でなくてはならない役割を果たしたとモッセは論じる。モッセによれば、戦争絵はがきのなかでは「死はめったに描かれない」。そして「負傷者は死者よりは頻繁に絵はがきに登場するものの、その傷はたいてい浅く厳重に包帯が巻かれていて、画面に多くの血は表れない。また、彼ら負傷者は心配そうな戦友や慈愛溢れる看護婦に介抱されるのが常であった」（Mosse 1990=2002: 135-6）。しかしながら、フランスで発行された在郷軍人会会員用土産物絵はがきに描かれた負傷兵（図5‐9参照）の顔面の傷は決して「浅く」はなく、両眼を覆うように巻かれた包帯から溢れ出した血が顎へと伝っている。ここで暗示されているのは失明の恐怖であろう。彼を支える戦友（鉄

図 5-9 「友情　アメリカ在郷軍人会　パリ　1927 年」(Ch. Garry, Postcard, circa 1927)

兜の形からしてフランス兵、彼自身も包帯姿であり、杖をついている）の表情も「心配そう」というよりは、むしろ「苦しそう」な印象を与えるものである。

美化された「男同士の絆」のなかにあっては、戦争をめぐる「苦しみ」や「恐怖」すらある種の娯楽になり得るのである。とはいえ、米仏の男性兵士同士の「友情」は、結局のところ戦争を美化・娯楽化しながら米仏親善を醸し出すという以上の役割を果たし得なかったであろう。戦争をめぐる「複雑な政治状況」から兵士を遠ざけるのが「戦争目的のセクシュアル化」の一つの特徴であるとすれば（第1章第6節参照）、男性兵士同士の「友情」を描いた絵はがきにその特徴は見出せない。在郷軍人会会員用土産物絵はがきのなかには、むしろ「複雑な政治状況」を前景化しかねないものも存在する。アメリカ兵とフランス兵が笑顔で握手を交わす絵は

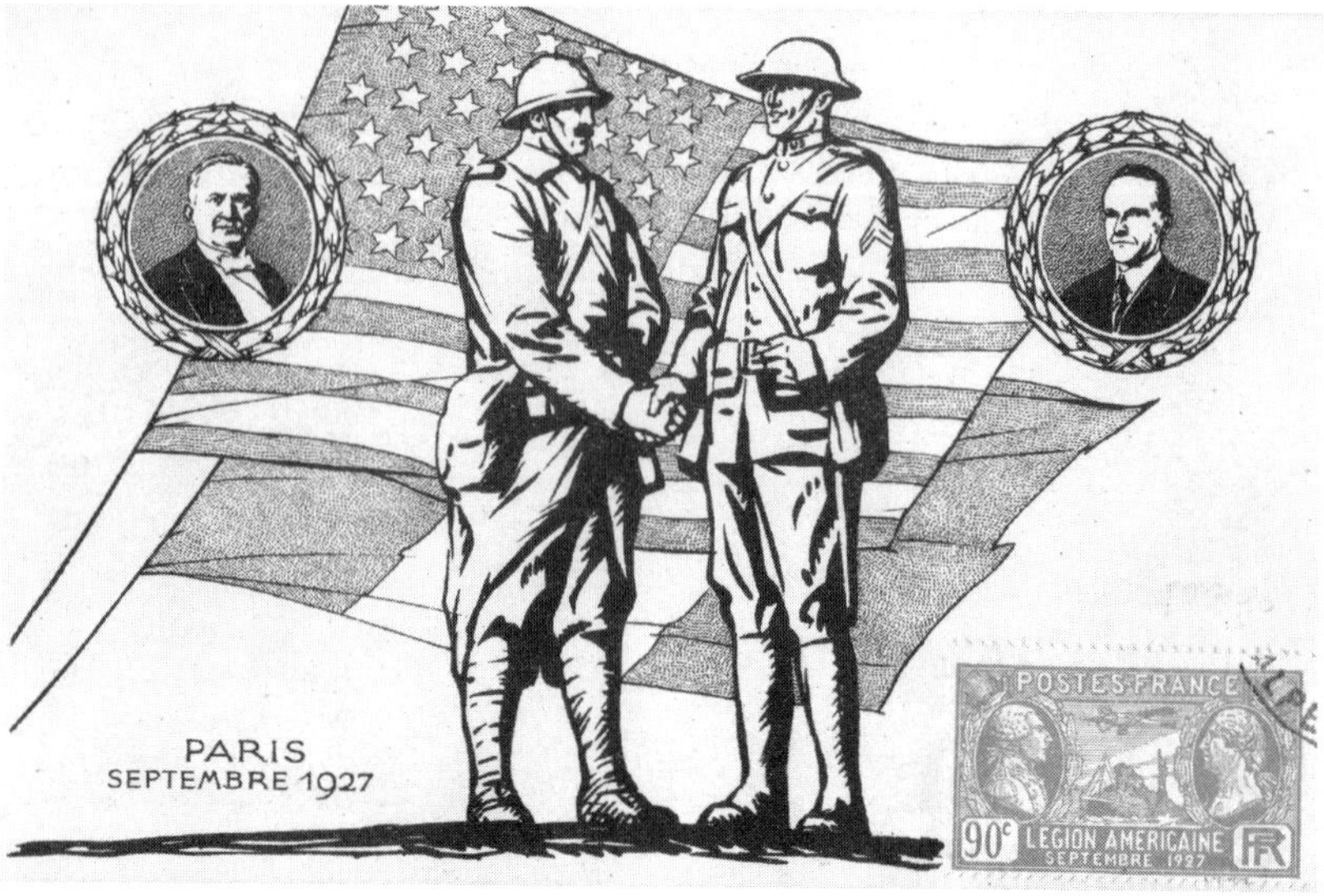

図 5-10　「パリ　1927 年 9 月」。絵はがきの右下に貼られているのは、フランスで発行されたアメリカ在郷軍人会記念切手（Postcard, circa 1927）

がきのなかでは、クーリッジ大統領とドゥメルグ大統領が堅い表情で兵士の両脇に控えている（図5‐10参照）。絵はがきのなかの米仏の政治家の肖像は、戦争をめぐる「複雑な政治状況」――つまり、一九二七年当時において米仏間に摩擦を生み出していた戦債問題や軍縮問題――を思い出させこそすれ、忘れさせるものでは決してなかったであろう。

　これに対して、絵はがきのなかのアメリカ兵とフランス人女性の関係は戦争を美化するだけに留まらず、戦後の「複雑な政治状況」を明らかに隠蔽していた。アメリカ兵とマリアンヌ（フランス共和国の象徴）が手に手を取って見つめ合っている様子を描いた在郷軍人会会員向け土産物絵はがきでは、ニューヨークとパリの間にまたがる虹のなかに以下のような文字がくっきりと浮かび上がっている。「万事順調《オーライ》！　万事順調《トゥ・ヴァ・ビアン》！」（図5‐11参照）。この絵はがきが描き出すところによれば、あの戦争にまつわる深刻な問題などどこにもない――少なくともフランスとアメリカの間には一切存在しない――のである。

アメリカ兵を歓迎するフランス人女性が、剣を構えた甲冑姿の「ジャンヌ・ダルク」――在郷軍人会の一九二一年巡礼において中心的な役割を果たしていた女性――ではなく、フリジア帽を被った「マリアンヌ」になっていることは注目に値する。武装した中世フランスの聖女は、もはや「万事順調《トゥ・ヴァ・ビアン》！」な両国関係を象徴し得ないのである。「救った」アメリカ（アメリカ兵）と「救われた」フランス（マリアンヌ）の不均衡な力関係は自明なものとされねばならず、ゆえに土産物のなかのフランス人女性はあくまで非武装でいなければならない。

図5-11 「お土産（1917年-1927年）」。大西洋に架かる虹のなかには「万事順調《オーライ》！万事順調《トゥ・ヴァ・ビアン》！」の文字。見つめ合うアメリカ兵とマリアンヌの下には「ようこそ、アメリカ在郷軍人会」の文字（Postcard, circa 1927）

無論、こうした絵柄はフランスの絵はがき製造業者が想定するアメリカ在郷軍人会会員の好みを反映したものであったろうし、在郷軍人会会員がこうした絵はがきを購入したからといって「戦争体験」の序列が即座に影響を受けたわけでもないだろう。「ジャンヌ」と「マリアンヌ」はフランスの「聖女」と「女神」であり、そうである限りにおいて、フランス人女性に関するアメリカ兵の「性的空想《ファンタジー》」、つまり、「フランスはふしだらな女のいる節操のない娯楽場だ」という想定が絵はがきのなかにあからさまに織り込まれる余地もない。戦争を「万事順調！《トゥ・ヴァ・ビアン》」な男女関係として描いた絵はがきは「複雑な政治状況」から在郷軍人会会員の目を逸らすという点で紛れもなく「戦争目的のセクシュアル化」ではあるのだが、フランス人女性の性的身体[17]の描写はできる限り忌避されている。この意味において、図5‐11のフランス製土産物絵はがきは、「戦争の平凡化」の過程に関するモッセの想定――すなわち、「平凡化の過程」は戦争を娯楽化するがゆえに「真面目」な戦場巡礼と一定の「軋轢」を引き起こすが、「戦争体験の神話化」自体にはさしたる影響を与えないという想定――を裏切るものではなく、むしろその範疇に収まるものであると言える（Mosse 1990=2002: 156-7）。

しかし、このことは、「万事順調！《トゥ・ヴァ・ビアン》」な絵はがきが、本書の議論に何ら新しい知見をもたらさないということを意味しない。図5‐11の絵はがきを注意深く観察すれば、ジェンダー研究者は、戦間期フランスの絵はがき制作者が絵柄の細部にほどこした「戦争の平凡化」をめぐる実に巧妙な〈策略〉の跡に驚かされることになるだろう。つまり、マリアンヌがアメリカ兵の手を握っているのであって、その逆ではない――換言すれば、その逆であっては決していけない――という、高度にジェンダー化された〈策略〉なのである（図5‐11参照）。

他方、一九二七年のパリには、フランス人女性を非武装化するだけでは飽きたりない土産物製造者が存在していた。パリ在住の裕福なアメリカ人製材業者トーマス・リングは、第一次世界大戦中にはアメリカ遠征軍の将校として従軍した退役軍人であった。リングはパリ在住のアメリカ人芸術家と協同して、「それ行け《アレ・アップ》

〔allez-up, フランス語 allez-hop からの借用語〕、アメリカ在郷軍人会　パリ　一九二七年」の文字を刻んだ在郷軍人会会員用土産物灰皿を鋳型を用いて工場で大量に生産した。後述するように、この土産物灰皿の絵柄のなかでは、ゲートル姿のアメリカ兵、すなわち若き日の男性在郷軍人会会員をもてなすのは、「ジャンヌ」でも「マリアンヌ」でもなく、シャンパン・グラスを掲げた「全裸のフランス人女性」であった。一九二七年八月二九日付けの『ニューヨーク・タイムズ』の報道によれば、リングが製造した土産物灰皿の売れ行きは好調で、「〔パリの〕ホテル経営者が二〇〇個まとめて購入し、そしてすぐにこの灰皿はパリの至る所で大量に販売されるようになっていった」という（*The New York Times*, August 29, 1927）。

図 5-12　「汚らわしいもの」。上部には「それ行け《アレ・アップ》」の文字。下部には「アメリカ在郷軍人会　パリ　1927 年」の文字（*L'Œuvre*, 24 août 1927. 中央大学図書館所蔵）

フランス急進社会党系の新聞『ルーヴル』は、戦間期フランスにおいて最も信用の厚い左派新聞であったが（小野 1962: 195）、その『ルーヴル』は「汚らわしいもの」と題した写真付きの一面記事を一九二七年八月二四日付けで掲載し、「とある恥知らずな企業家」が在郷軍人会会員向けに製造した「灰皿」（図 5‐12 参照）が、パリの「ホテル」や「酒場」で土産物として販売されていると非難している。「アメリカの退役軍人が我が国で実施する敬虔な巡礼がいかに象徴されているのか、本紙の読者諸君は正しく理解することだろう。酔っぱらったアメリカ兵が全裸の女性――フランス人女性――を抱きしめ、シャンパン・グラスを飲み干す前に、彼女の口に接吻しているのだ」（*L'Œuvre*, 24 août 1927）。

「本紙は、かつての戦友がこのような汚物にお墨付きを与えたと思い込んで、彼らをののしるものではない」と記す『ルーヴル』は、アメリカ最大の退役軍人組織である在郷軍人会に対する一定の配慮を覗かせながら、「フランス人にとって耐え難い侮辱であるこの汚らわしいものが蔓延するのを防ぐために、警視総監のシアップ氏が有効な介入措置を講ずることであろう」と警察当局の取り締まりを期待する言葉で同記事を締め括っている（*L'Œuvre*, 24 août 1927）。この八月二四日付けの『ルーヴル』の報道記事に対して、在郷軍人会全国本部は素早い対応を見せている。一九二七年八月二六日付けの『シカゴ・トリビューン』には、在郷軍人会のフランス大会委員会が『ルーヴル』編集者宛てに書き送った以下のような書簡が掲載されており、この書簡は「在郷軍人会は灰皿とは無関係である」ことの証であるとされている。言うまでもなく、在郷軍人会は政治的には「保守的」な立場に分類される圧力団体であり、外国の左派新聞に対して以下のように丁重な弁明の書簡を（しかも、即座に）送ること自体が異例であると言える。

この問題に関して我々の注意を引いてくださった貴紙〔『ルーヴル』を指す〕に対して、在郷軍人会の名において御礼を申し上げます。……在郷軍人会は土産物を一切承認しておらず、ましてや、貴紙が掲載した類のものを承認することなどあり得ません。この灰皿は、アメリカ兵が常に最大限の敬意を払ってきたフランス人女性に対する汚辱であるという点に関して、我々は貴紙と見解を一にするものであります。警視総監がこの事案に関して適切な措置を執ることを、我々は貴紙と共に願っております。(*The Chicago Tribune*, August 26, 1927)

先述したように、リングは戦時中にはアメリカ遠征軍の将校として従軍した人物――すなわち、在郷軍人会への入会資格を持つ退役軍人――であったのだが、彼が実際に在郷軍人会会員として活動していた人物であったか否かは不明であり、たとえ在郷軍人会会員であったとしてもフランス大会委員会があえてその事実を公表することもなかったであろう。ただし、在郷軍人会全国本部に設置されたフランス大会委員会がこの「汚らわしいもの」への関与を一切否定したからといって、滞仏中の一般の在郷軍人会会員に対する灰皿販売が停止されたわけではなかった。『ルーヴル』に灰皿の写真が掲載され、「パリにスキャンダルが巻き起こされた」後も、この土産物灰皿はパリの酒場に出回りつづけ、「行商人が灰皿を在郷軍人会会員に対して販売している」――換言すれば、在郷軍人会会員が行商人から灰皿を購入している――状態にあったという(*The Milwaukee Sentinel*, August 25, 1927)。また、AP通信によれば、パリ警視庁が灰皿の原版と鋳型を押収し、リングは国外追放に処され(灰皿の製造に携わっていた他の人物は罪に問われなかったという)、この土産物の流通停止が確認されたのは八月末のことであった(*The Washington Post*, August 30, 1927)。

図5‐11の「万事順調《トゥ・ヴァ・ビアン》!」な絵はがきとは異なり、図5‐12の灰皿は「複雑な政治状況」から在郷軍人会会員を遠ざけるどころか、むしろ彼らを政治的騒動の渦中へと追いやったのである。「〈策略〉としての「戦争の平凡化」の過程」の一つとして「戦争目的のセクシュアル化」を捉え直すとき(つまり、「戦争体験」の序列の曖昧化の問題として捉え直すとき)、あらかじめ確認しておかなければならないのは、第一次世界大戦時

において女性の性的身体が従軍兵士の間で果たした欠くべからざる役割であろう。第一次世界大戦時に「エロティックな絵はがきや視覚的なエロティカが兵士たちの間に幅広く大量に普及していた」ことは近年の欧米の研究のなかでも指摘されており、休戦協定締結後には「絵はがきを見せるときには気をつけろ／その種の写真は隠しておけ！」と復員兵に対して注意を喚起する詩まで存在していたという（Laugesen 2012: 69-70）。従軍体験を持つ在郷軍人会会員が、「汚らわしい」土産物灰皿にある種のノスタルジー（二次的郷愁）を感じて購入していた可能性は高い。つまり、リングが鋳型を用いて大量生産した土産物灰皿「それ行け《アレ・アップ》、在郷軍人会」は、「A男性の戦闘体験」と「B男性の従軍体験」の境界線が（全裸のフランス人女性を介して）曖昧化される「受け容れやすい」戦争を提示していたのである。ただし、ここでの問題は、むしろこの「汚らわしいもの」が「神聖なる」戦場巡礼事業そのものに不可避にもたらしてしまう致命的な危険であろう。

モッセは以下のように論じる。「塹壕を型どったシガレット・ケース」や「戦闘地域で発見された兜や薬莢」が「観光客」に対して大量に販売され、やがては「真面目」な意図を持っていたはずの戦場巡礼者もこれらの土産物を避け難く購入してしまうようになる。戦争の「恐怖」は「麻痺」させられていくが、だからといって「神聖なる」戦場巡礼がこれらの土産物によって存続不可能になったわけではない。「神聖なるもの」（戦場巡礼）と「平凡なるもの」（戦争にまつわる観光客用土産物）の関係は、あくまで二項対立的な「軋轢」に留まる。これがモッセの想定している、土産物が引き起こす「戦争の平凡化」の過程である（Mosse 1990=2002: 156-7）。

これに対して、本書が注目する土産物灰皿「それ行け《アレ・アップ》、在郷軍人会」は、フランス在住のアメリカ退役軍人によって製造された、在郷軍人会会員専用の（つまり、「真面目」な戦場巡礼者専用の）土産物なのである。

そうであるからこそ、在郷軍人会自身が、この土産物の「汚らわしさ」とそれを取り締まる必要性――換言すれば、ありふれた土産物が「神聖なる」戦場巡礼に及ぼす致命的な危険性――を認めざるを得なかったのである。在郷軍人会全国本部（フランス大会委員会）は「この灰皿は……フランス人女性に対する汚辱である」と記しているが（*The Chicago Tribune*, August 26, 1927）、現実にはこれは「世界大戦を戦ったアメリカ兵に対する汚辱」となり得るがゆえに、左派新聞『ルーヴル』に対する在郷軍人会側の異例の対応が必要とされたのであった。退役将校であるリング自身はあくまで在郷軍人会の戦場巡礼事業を支持する立場からこの灰皿を大量生産したとすれば皮肉である。すなわち、これは「「戦争体験」のジェンダー化された序列」の維持という〈策略〉の範囲を最終的に逸脱した、「戦争の平凡化」の鬼子なのである。

「救った者」（アメリカ兵）と「救われた者」（全裸のフランス人女性）の関係をあからさまなものにする「性的空想《ファンタジー》」が退役軍人自身によって担われるとき、「戦争の平凡化」の過程は単に「恐怖」を「麻痺」させるばかりでなく、「A男性の戦闘体験」の価値を瞬時に破壊しかねない不可逆的な力を発揮することになるのである。本書がここで強調したいのは、鋳型を用いて大量生産されたありふれた土産物灰皿（「戦争の平凡化」）が、時として戦争をめぐる「神聖なるもの」（「戦争体験の神話化」）を優に圧倒する力を持ち得てしまうという、モッセの議論においては見過ごされている事実なのである。

なお、本節の最後に確認しておくべきは、以下の事実であろう。一九二七年巡礼における「戦争体験」の新たな序列、すなわち、「AAパリ体験」（加工された「B男性の従軍体験」）を中心とする「組み替えられた「戦争体験」の序列」のなかにあっては、「A男性の戦闘体験」は序列の中核から退いている。しかしながら、そうであるにもかかわらず、土産物灰皿「それ行け《アレ・アップ》、在郷軍人会」は、在郷軍人会の戦場巡礼事業にとって致命的な危険となり得たのである。

つまり、ここで確認しておくべきは、「AAパリ体験」のある種の脆弱さである。「七月四日のパリのパレード」「パリに向かう列車の車窓から見える旧式の貨車」「パリのカフェ」といった一連の「受け容れやすい」戦争イメージは、一九二七年巡礼に参加した多数の在郷軍人会会員には実感をもって受け止められている。他方、それらの戦争イメージを一切認知しない組織外部の人間（「汚らわしい」土産物灰皿に憤るフランス人）によって「A男性の戦闘体験」の価値が否定されてしまえば、「AAパリ体験」の価値は「A男性の戦闘体験」の価値もろともに瞬時に崩壊するのである。

ここにおいて求められる新時代の〈策略〉は、脆弱な「AAパリ体験」に外皮をまとわせること、すなわち、組織内外を問わずその価値が認められるように体験を物質化・聖地化することである。要するに、「組み替えられた「戦争体験」の序列」の中核にふさわしい、確固たる外観を「AAパリ体験」に与える作業が必要とされているのである。その〈策略〉こそが、次節において検討する在郷軍人会の新たな「聖地」としての「パーシング・ホール」の建設であり、またその意義の裏付けとされたのが「聖地」に集められた在郷軍人会会員の子どもたちであった。

次節では、まず、一九二七年巡礼における子どもの役割について考察する。その上で、一九三一年に新設されたパリの「パーシング・ホール」と、それを「生きている聖地」とするための子どもの新たな役割について明らかにする。

5　新時代の〈策略〉

（1）戦場巡礼と子どもたち

一九二七年巡礼に連れてこられた子どもの総数について正確に確認できる資料はないが、在郷軍人会版『星条旗新聞』によれば、在郷軍人会は巡礼者専用の託児施設をパリに設置しており、同施設に預けられた「在郷軍人会会員の子どもたち（children of legionnaires）」の数は最大「一五名」であったという（*The Stars and Stripes*, September 20, 1927）。なお、過去二回の巡礼（一九二一年巡礼および一九二二年巡礼）には子どもの参加は管見の限り確認できないため、この一五名の「子どもたち」が、在郷軍人会の巡礼関連発行物のなかに表れた最初の子ども参加者であったと言える。もっとも、彼ら・彼女らの巡礼期間の過ごし方は、もっぱら託児施設のなかで「ビー玉」や「お人形」を使って遊ぶことであるとされていたため（*The Stars and Stripes*, September 17, 1927）、現実には「巡礼者」たり得ない幼い存在と位置づけられていたことになる。

ただし、一九二七年巡礼には、この「在郷軍人会会員の子どもたち」とは明らかに異なる立場で参加した子どもが存在していた。ブロワーが「周縁化」された「マスコット」に過ぎないと指摘した一九二七年巡礼の女性参加者が、実際には自ら「平凡化」をめぐる戦略を展開していたことはすでに述べたが（本章第3節参照）、筆者が調査した限りにおいて、二七年巡礼のなかで最も端的に「マスコット」としての役割を果たしていたのは、自発的に「制服」を着た女性参加者ではなく、大人に「軍服」を着せられたアメリカ人の子どもであった。ペンシルベニア州支部の司令官R・ヴェイルは、二七年巡礼で「マスコット」役を務める「典型的なアメリカ人の男の子（Typical American Boy）」を一名選出してフランスに同行させたが、選出されたのは在郷軍人会会員の実子ではなく、「ステージ経験のある子ども」（つまり、軍人らしく振る舞う演技力を備えた子役）であった。一〇〇〇人の子どもたちのなかから選出されたのが、六歳になるヴォードヴィルの子役ジェイ・ウォードであり、彼はパリ到着後に在郷軍人会組織全体の「公認マスコット」に認定されている（*The Vaudeville News and New York Star*, September 24, 1927; *ALM*, December 1927）。

写真のなかのジェイ・ウォードは、MASCOTの文字が胸に縫い付けられた子ども用の軍服を身につけ、ミニチュア化された帯銃・帯剣用のサム・ブラウン・ベルト（将校のみに着用が許されていた装備）も締めている。一九二七年巡礼における在郷軍人会「公認マスコット」の役割とは、報道関係者の前では唇を引き締めて軍人らしく敬礼し（図5‐13参照）、在郷軍人会会員に求められれば従順かつ可愛らしい笑顔で記念撮影に応じることであった（図5‐14参照）。在郷軍人会機関誌記事によれば、帰路の船の上でジェイ・ウォードの写真を撮影しようと集まってきた人々の数は一〇〇名以上に上り、映像撮影用カメラも二〇台以上回されていたという（*ALM*, December 1927）。「在郷軍人会のキュートなマスコット」として知名度を上げたジェイ・ウォードは、戦場巡礼終了後にMGMスタジオで映画出演を果たし、翌年以降の在郷軍人会全国大会にも引きつづき招待されている（*ALM*, December 1928; *The Schenectady Gazette*, April 11, 1931）。

他方、ジェイ・ウォードがアメリカ軍戦場や墓地を訪れた形跡はない。在郷軍人会の「キュートなマスコット」の役目は、あくまで退役軍人の愛玩物として振る舞うことであり、愛国的な「戦争体験」の継承者となることではなかったのである。しかし、そうであるからと言って、ジェイ・ウォードが「戦争体験」か

図 5-13（右） 1927 年巡礼に在郷軍人会の「公認マスコット」として参加した子役のジェイ・ウォード。在郷軍人会会員帽を被り、サム・ブラウン・ベルトを締め、軍服姿で敬礼している。なお、彼の両親も「ウォード＆ドゥーリー」の芸名で知られるヴォードヴィルの役者であった（*The Washington Post*, September 18, 1927. 国立国会図書館所蔵）

図 5-14（左） 帰路の船上にて、笑顔で記念撮影する軍服姿のジェイ・ウォード。隣の男性は在郷軍人会会員でもあった従軍漫画家アビアン・ウォルグレン（第 4 章第 4 節参照）である（*ALM*, March 1928）

ら完全に遠ざけられていたわけではない。一九二七年九月二一日付けの在郷軍人会版『星条旗新聞』には、ペンシルベニア州支部司令官に付き添われたジェイ・ウォードが、パリの無名戦士の墓に花輪を捧げて戦没者を追悼したこと、その後一〇〇〇人の子どものなかから選出された「典型的なアメリカ人の男の子」としてフォッシュ元帥に紹介されたジェイ・ウォードが、元帥に抱きしめてキスをしてもらったところ、その場に居合わせた人々が「熱狂的な喝采を送った」ことなどが報じられている（*The Stars and Stripes*, September 21, 1927）。一九二八年度の在郷軍人会全国大会（テキサス州サンアント

図 5-15　「フォッシュ元帥の軍服を着た典型的なアメリカ人の男の子」（*The Brooklyn Daily Eagle*, September 17, 1928. Brooklyn Public Library－Brooklyn Collection 所蔵）

ニオにて開催）にジェイ・ウォードが再び招待されたとき、彼が身につけていたのは子ども用にミニチュア化された「フォッシュ元帥の軍服」であった（図5‐15参照）。一九二八年九月一七日付けの『ブルックリン・デイリー・イーグル』の報道によれば、「フランスで彼〔ジェイ・ウォード〕と面会したフォッシュ元帥が、元帥の正式な軍服を複製してよいという特別な許可を彼に与えた」のだという（*The Brooklyn Daily Eagle*, September 17, 1928）。

カナダの文学研究者S・フィッシャーは、「戦争の平凡化」をめぐるモッセの議論を参照しながら、以下のように述べている。「戦争ごっこをする子どもを描写すれば、それがいかなる描写であれ、戦闘員のサイズを本当に切り詰めることになる。錫の兵隊、玩具の銃、人形、そして子ども用の軍服、これらのものが本質的に平凡化してしまうのは、それらが本物のミニチュアであるからであり、なおかつ、それが家庭的・商業的な性質を帯びているからなのである」（Fisher 2011: 25）。この意味において、子ども用の軍服を着たジェイ・ウォードは、まさに「戦闘員のサイズを本当に切り詰める」役割を果たしていたと言える。パリの無名戦士の墓で戦没者を追悼してみせるジェイ・ウォードは、愛国的な「戦争体験」の継承者としての子ども像を一定程度体現してみせてはいる。しかしながら、ミニチュア化された軍服を身につけたジェイ・ウォードの肩書きは、常に「典型的なアメリカ人の男の子」——演技力に基づいて選ばれた、プロの子役——であり、そうであるがゆえに彼の存在は戦争を「本質的に平凡化」してしまわざるを得ないのである。

「「戦争体験」のジェンダー化された序列」（第1章図1‐1参照）に基づいて「戦闘員のサイズを切り詰める軍服姿の子ども」を考察するとすれば、これは崇拝対象としての「A男性の戦闘体験」そのものを愛玩対象にすることによって、序列全体を一時的に曖昧化してしまう〈策略〉であると言える。

ただし、一九二七年巡礼における「組み替えられた「戦争体験」の序列」（第1章図1‐2参照）のなかでは「AAパリ体験」が序列の中心に据えられている。そうであるからこそ、在郷軍人会の「公認マスコット」が（アメリカの「パーシング将軍」ではなく）フランスの「フォッシュ元帥」と親しくなるという筋書きが在郷軍人会会員の熱烈な支持を受けたのであろう。二七年巡礼の翌年に出現した「フォッシュ元帥の軍服を着た典型的なアメリカ人の男の子」（図5‐15参照、強調は引用者）という一見奇妙な組み合わせも、「A男性の戦闘体験」を「AAパリ体験」もろともに「キュートなマスコット」へと変化させた結果なのである。

（2）「生きている聖地」

一九二七年一二月号の在郷軍人会機関誌には、二七年巡礼の最終的な参加者数を記した事業報告記事が掲載されている。同報告記事によれば、当初は二万一七四六人が参加申込みを終えていたが、その後三五〇二人が予約をキャンセルしたため、実際には一万八二四四人が在郷軍人会公認船に乗って渡仏した。すでに渡欧済みであった一七四七人の会員が現地合流したため、「全国大会巡礼」の最終的な総参加者数は一万九九九一人であった。この結果を報告した在郷軍人会機関誌は、今回の巡礼は「成功」であったと宣言した（*ALM*, December 1927）。この圧倒的な集団動員力が、本来戦場・墓地巡りを指すものであったはずの「巡礼」のあり方すら根本から変化させていく。在郷軍人会全国本部は、多くの退役軍人にとって等しく魅力的な地であるパリに「アメリカ遠征軍の栄光」を称え伝える「永続的な聖地」を新設することを決定した。これにより在郷軍人会の巡礼事業は、団体巡礼実施から巡礼施設運営へと新たに展開していくこととなる。

一九二七年巡礼の「成功」を受けてパリのピエール・シャロン通りに建設された在郷軍人会ビルは、激戦地シャトー・ティエリの石橋の残骸を礎石に用いて一九二八年に着工、一九三一年には完成し、アメリカ遠征軍総司令官の名を冠して「パーシング・ホール」と名づけられた。同ホールはアメリカから渡仏した世界大戦退役軍人全員が休憩・交流できる施設として一般公開されたため、新聞メディアや『ベデカー』のような著名な観光ガイドブックでも紹介された。『ニューヨーク・タイムズ』の施設紹介記事（一九三一年三月二二日付け）によれば、同ホールの「呼び物の一つ」は「当世風の」アメリカン・バーと喫煙室」であり、さらに「地階には、ナイン・ホールのミニチュア・ゴルフコースが設置」された。このゴルフコースは、西部戦線におけるアメリカ軍の戦歴を表現したものであり、「大西洋」一番ホール、「軍事訓練キャンプ」二番ホール、「ベローの森」三番ホールとつづき、「戦勝パレード」九番ホールで締め括られるという内容であった（*The New York Times*, March 22, 1931）。ここではすでに従軍史そのものが娯楽玩具化しており、「戦争の平凡化」が事業拡大を図る在郷軍人会自身の〈策略〉として推進されていたことが確認できる。

しかし、礎石に戦場残骸を用いていたことからも明らかであるように、パーシング・ホールは建設当初より戦争記念館としての役割を担うことが期待されていた。同ホールには絵画、彫刻、書籍、トロフィーといった世界大戦の思い出の品が展示されることとなったが、その効用について、在郷軍人会機関誌は以下のように位置づけている。「パーシング・ホールを創設した者たちの究極的な目標は生きている記念館、つまりアメリカ遠征軍に関する形見、遺品、そして記念品を一つにまとめた貯蔵庫を建設し、アメリカ人に愛国的な社交施設を提供することにありました……なによりも、これらの品々〔戦争記念品〕は、フランス兵、アメリカ兵、そして他の連合国の兵士が味わった同じ苦しみを、将来の世代に対して想起させるものとなることでしょう」（*ALM*, January 1932）。

世界恐慌による組織財政悪化の影響でパーシング・ホールが抱えた負債を解消するため、財務省の支援を受けることとなった一九三〇年代半ばには、議会公聴会において在郷軍人会の代表者が同ホールの存続意義を説明する以下のような文書を提出している。

> パーシング・ホールこと、パリのアメリカ在郷軍人会ビルは、一九一八年から一九一九年にかけての日々、つまりパリがアメリカ人の都市であった時代を未来永劫に思い起こさせるためのビルです。……加えて、パーシング・ホールは、世界大戦に参加したすべてのアメリカ人を記念するがゆえに、世々にわたって存続するであろう私的な記念館でもあります。海外で従軍したか銃後に留まったかの区別にかかわりなく、アメリカ遠征軍の栄光はその人自身のものになるのです。……アメリカ人の献身と犠牲の思い出が一杯に詰まったこの施設は、生きている聖地そして生きている博物館として、母国アメリカからやってきた巡礼者にとって永遠の中心地となるのです。（U.S. Senate, Committee on Military Affairs 1935: 35, 強調は引用者）

「パリがアメリカ人の都市（American city）であった時代を未来永劫に思い起こさせるためのビル」であるパーシング・ホールは、まさに「組み替えられた「戦争体験」の序列」の中核である「ＡＡパリ体験」を確固たる建築物として物質化したものであった。さらに、このパーシング・ホールは、「従軍したか銃後に留まったかの区別にかかわりなく、アメリカ遠征軍の栄光はその人自身のものになる」――つまり、「Ｂ男性の従軍体験」と「Ｃ男性の入隊体験」の間の序列は曖昧化される――ことが、あらかじめ約束されている「聖地」なのである。その一方で、パーシング・ホールには激戦地シャトー・ティエリの石橋の残骸が礎石となって埋め込まれているため、「Ａ男性の戦闘体験」の特権性は従来通り維持されることになる。パーシング・ホールによって、在郷軍人会全国本部は、「ＡＡパリ体験」（「パリがアメリカ人の都市であった時代」）を最高位の「戦争体験」として称揚すると同時に、「Ａ男性の戦闘体験」「Ｂ男性の従軍体験」「Ｃ男性の入隊体験」の間の序列の厳格化と曖昧化を無理なく両立させることが可能になったのである。

このようにして創出された「聖地」は、ほとんどの第一次世界大戦退役軍人が他界したことによって施設利用が見込めなくなる一九九〇年代に至るまで維持され、「レストラン」や「スロットマシーン」といった新たな集客機能を在郷軍人会によって付加されながら運営をつづけていくこととなる（U.S. House, Committee on Veterans' Affairs 1990; Gault and Millau 1970: 73）。ここにおいて展開されているのは、モッセが想定しているような「戦争を賞賛して栄光を称える」ことのない「戦争の平凡化」ではない。多数の死者を出した戦場の残骸を礎石に埋め込んだ上で、記念品展示・飲食店経営・娯楽遊戯を同時併催するパーシング・ホールは、「選んで手元に置いておく程度に親しみやすく」する形で戦争の現実を操作し、なおかつ、従軍体験の有無にかかわりなく「アメリカ遠征軍の栄光」を実感することをも可能にする「生きている聖地」、換言すれば

「平凡化の過程において複製された聖地」なのである。

ただし、ここで再び問題になるのは、戦争の「栄光」と「親しみやすさ」を同時に享受することができたのは、あくまで男性退役軍人のみではないのか――つまり、序列の厳格化と曖昧化を両立させることができたのは、あくまで「男性退役軍人の男らしい戦争体験」（ＡＢＣ）のみであり、「Ｄ女性の従軍体験」は周縁化されたまま置き去りにされたのではないのかという点であろう。すでに確認してきたように、在郷軍人会において従軍看護婦の「第二の戦場」は、男性兵士の「第一の戦場」と同様の価値を認められてこなかったのであり、これは「聖地」パーシング・ホールにおいても同様であった（礎石に激戦地シャトー・ティエリの石橋の残骸が使用されることがあったとしても、従軍看護婦が勤務した兵站病院の石壁の残骸が使用されることは決してなかったのである）。また、戦争の「親しみやすさ」について言えば、一九三〇年代当時の写真で確認する限りにおいて、パーシング・ホールの「呼び物の一つ」であった「アメリカン・バー」の客層は――「たくさんの女性が（バーに）いらっしゃいます」と写真を掲載した機関誌記事には書いてあるにもかかわらず――男性退役軍人が圧倒的に多いように見える（図5-16参照）。地階の「ミニチュア・ゴルフコース」には、「兵站病院～番ホール」や「現場救護所～番ホール」といったものは存在せず、その代わりに（驚くべきことに）「病院休暇地域（hospital leave area）」五番ホールだけが「第二の戦場」にまつわるホールとして存在していた。男性兵士の（美化され、理想化された）従軍史を表現した「ミニチュア・ゴルフコース」にあっては、従軍中の入院体験は休暇体験に等しいのである。

一九三八年に執筆されたヘレン・フェアチャイルド基地の『小史』を総覧する限りにおいて、在郷軍人会の元従軍看護婦たちがパーシング・ホールのあり方に対して何らかの働きかけを行ったという記述は見当た

図5-16　パーシング・ホールのアメリカン・バーの様子。壁に戦争写真が掲げられている（*ALM*, November 1932）

らない。ただし、在郷軍人会の他の看護婦基地はこの限りではない可能性があり、この点の調査・検討は今後の課題としたい。本節では、パーシング・ホールを「生きている聖地」とする上で、最も重要な役割を果たしたと考えられる人々――第一次世界大戦アメリカ退役軍人の子どもたち――の存在を、最後に取り上げておきたい。

本節（1）において検討したように、在郷軍人会の一九二七年巡礼における子どもは、本質的な「平凡化」推進者（ジェイ・ウォード）となるか、さもなければ「戦争体験」から切り離された場所（託児施設）で過ごすか、そのどちらかであった。他方、一九三一年にパリに新設された「聖地」パーシング・ホールにおける子どもたちは、一九二七年の子どもたちとは明らかに様子が異なっている。

図5‐17は、一九三二年一一月号の在郷軍人会機関誌記事に掲載されたパーシング・ホールの写真であり、ホールの一角に設けられた「教室」で英語を学ぶ子どもたちの姿を写したものである。同記事によれば、この子どもたちはフランス在住の（男性）在郷軍人会会員とフランス人女性との間に生まれた息子や娘であり、

週に一回「父親の話す言葉を教わる」ためにパーシング・ホールに通っているのだという。子どもたちを指導する三名の教師は全員有給職員であるが、教師の給料は在郷軍人会組織が全額支出していると記されている（*ALM*, November 1932）。

この「教室」がいつからパーシング・ホールに設置されることになったのか、正確な経緯は不明であるが、先述した『ニューヨーク・タイムズ』（一九三一年三月二二日付け）の施設紹介記事のなかには、パーシング・ホール内部に「子ども向けのアメリカ化教室」が設置されているとの記述がある（*The New York Times*, March 22, 1931）。前記の在郷軍人会機関誌記事にも、パーシング・ホールの「教室」は幼稚園児向けと年長の生徒向けの二クラスに分けられていることが紹介されており、図5‐17の写真はおそらく年長の生徒向けクラスに参加している子どもたちを写したものであろう（*ALM*, November 1932）。この「教室」は、一九三〇年代における「聖地」パーシング・ホールの存続意義を説明する上で重要な役割を果たしていた。在郷軍人会の代表者は、一九三五年の議会公聴会において以下のように証言している。

図 5-17　パーシング・ホールの「教室」で英語を学ぶ子どもたち（*ALM*, November 1932）

過去四、五年にわたって、施設内〔パーシング・ホール〕では、平均五〇名のアメリカ人の子どもたちを集めて、毎週木曜日の午後に教室を開いてきました。子どもたちはそこで英語を教わっています。子どもたちはアメリカの愛国的な歌も教わっています――そして、それらを歌っているのです。子どもたちはアメリカの歴史も多少学んでおります……彼らはアメリカ人の血を引く子どもたちであり、〔パーシング・ホールを介して〕本国アメリカとの関係を絶やすことなくつないできたのです。(U.S. Senate, Committee on Military Affairs 1935: 13)

ここにおける「子どもたち」の役割は、かつての子どもたち――「キュートなマスコット」であるジェイ・ウォード、あるいは託児施設内で「ビー玉」と「お人形」で遊ぶばかりであった一九二七年巡礼参加者の子どもたち――の役割とは大きく異なっている。パリで「英語」を教わり、「アメリカの愛国的な歌」を歌い、「アメリカの歴史」を学ぶ「アメリカ人の血を引く子どもたち」は、まさに「生きている聖地」の証であった。「アメリカン・バー」や「ミニチュア・ゴルフコース」といった「平凡なる」娯楽施設が詰まったパーシング・ホールの片隅で英語教育・愛国教育を受ける「子どもたち」は、在郷軍人会の「戦争体験」の継承者として新たに立ち現れることとなったのである。

そして、パーシング・ホールは、アメリカ人(男性)退役軍人とフランス人女性の間に生まれた子どもしか教育対象として想定していない――つまり、在郷軍人会は、アメリカ人元従軍看護婦とフランス人男性の間に生まれた子どもが「愛国的」な「戦争体験」の継承者になり得るとは考えなかったのだ。「聖地」

図 5-18　パーシング・ホールの中庭に3列に整列させられた「在郷軍人会の息子たち」。ただし、中列の右端に立つ子どもは帽子の被り方が異なっており、この子だけは「娘」であった可能性もある（*ALM*, October 1935）

パーシング・ホールで継承されるべきはあくまで父親の「男らしい戦争体験」であり、さらに、その「神聖なる」体験の主たる継承者は彼の「娘」ではなく、「息子」でなくてはならない（図5・18参照）。「戦争体験」のジェンダー化された序列」は、男性化された「アメリカ人の血」の論理を用いて再生産されていたのである。

以上で明らかにしてきたように、一九三一年にパリに創設された在郷軍人会の「聖地」パーシング・ホールの特徴とは、退役軍人が戦争の「栄光」と「親しみやすさ」を同時に享受することができる――すなわち、男性退役軍人の「戦争体験」の序列の厳格化と曖昧化を両立させることができる――というものであった。さらに、この「聖地」では、「「戦争体験」のジェンダー化された序列」が男性化された「アメリカ人の血」の論理を用いて再生産されており、過去の「男らしい戦争体験」を子どもたちへ橋渡しせんと図る新時代の〈策略〉が展開されていた。本書における分析からも明らかであるように、「戦争体験の神話化」と「戦争の平凡化」は、常に軋轢を生み出す二項対立的な関係にあるわけではない。時として両者は、不可分の相補的関係のなかに位置づけ直されるのであり、そのような関係を成り立たせ、またそれを永続させることこそが、在郷軍人会全国本部によって主導された〈策略〉の終着点であったのである。

注

1 アメリカ国内における在郷軍人会の全国大会の娯楽性については、W・ペンカックの研究が詳しい。ペンカックによれば、一九二一年の第三回全国大会（ミズーリ州カンザスシティにて開催）の段階から、すでに一部の参加者が「インディアン《ママ》に変装して質屋に押し入る」「即興の深夜パレードを行うために町のまだ新しい金属製ごみ箱をドラム代わりにする」といった「どんちゃん騒ぎ」を行っていたという（Pencak 1989: 94-5)。

2 序章で述べたように、一九二七年巡礼の実際の参加者数は約二万人である。

3 在郷軍人会会員が一九二七年巡礼に赴く場合、乗船にかかる税は免除されることが連邦政府により決定されていた（Elder 1929: 246）。なお、一八四〇年から蒸気船による北大西洋定期サービスの伝統を持つキュナード・ラインの歴史については野間（2008）が詳しい。

4 当時の年平均所得は、U.S. Bureau of the Census（1975: 167）を参照。

5 ただし、この戦場ツアーは任意参加であり、約二万人の巡礼団のうち、実際に参加したのは五〇〇〇人程度であったと後に報告されている（Elder 1929: 246）。また、あくまで個人的な思い出の場所の再訪を望む参加者は公認ルートの変更をガイドに迫り、「意見衝突や不満が発生した」という（American Legion 1928: Exhibit A）。

6　『ハドック夫妻のパリ見物』の冒頭には、主人公（ハドック氏）が世界大戦を身近に感じる以下のような場面がある。「「なんだか胸がわくわくしてきたよ」列車が、奇妙な形をした木製の有蓋貨車の列を追いこすのを見て、ハドック氏はそういった。それは、ハドック氏がこれまで戦争映画でしか見たことのない貨車だった。いや、事実、これまで遠い遠いところにあるものとばかり思っていた戦争が、急に身近なものに感じられてきたのだ」（Stewart 1926=1978: 38）。

7　ただし現実には、このパレードはフランス側から喝采だけではなく批判も受けていた。歴史学者G・アーウィンは以下のように論じている。「第一師団の先遣隊がサン・ナゼールに慌ただしく上陸してから一週間後の一九一七年七月四日、第一六歩兵連隊第二大隊はパリでまとまりのないパレードを行った。アメリカ軍の不規則な隊形とつっかえながら進む展開にうんざりして、あるフランス兵は不平を言った。「アメリカは俺たちを助けるためにあんなものを送ったっていうのか」」（Urwin 2000: 160, 強調は原文）。

8　一九二七年巡礼実施中にイリノイ州支部所属のある退役軍人が地元新聞社に寄せた報告では、「カフェ・ド・ラペに立ち寄ったが、アメリカ人だらけで非常に混雑しており、席を確保することもできなかった」という（*The Hyde Park Herald*, October 7, 1927）。

9　彼の軍歴は以下の通りである。「一九一八年一月二一日、ジョージア州アトランタにて入隊。一九一九年一月三〇日、ジョージア州キャンプ・ゴードンにて上等兵として任期満了につき除隊」（Sandlin 1948: 57）。

10 一九二七年巡礼に同行した『ニューヨーク・タイムズ』の記者は、戦没兵の墓の前で「歳を取った」自らの姿を嘆く従軍体験のある退役軍人を取材して以下のように報じている。「在郷軍人会がフランスで探し求めているものはこれなのだ——辛かった日々、危険な日々、泥と血と虱と渇きと痛みと飢え。そう、ただし、若くもあった」（*The New York Times*, September 22, 1927）。二七年には在郷軍人会会員の平均年齢は中年に差し掛かっており、組織としても円熟期に入っていたことがカンザス州支部の記録に記されている（Loosbrock 1968: 74）。

11 ウィッカー、エルダー、グリーンロウの軍歴はそれぞれAmerican Legion News Service（1924）、Dunn（1919: 2035）、Taylor（1920: 22）を参照。なお、彼らのなかで「三四人合同委員会」出身者は皆無であった。「三四人合同委員会」の名簿はRumer（1990: 547）を参照。

12 アメリカにおける従軍看護婦の制服の変遷についてはSmith（2001）が詳しい。

13 ただし、ヘレン・フェアチャイルド基地から渡仏した看護婦のなかには、ファーマンらのグループと行動を共にしなかった看護婦もいると考えられるため、この点には注意が必要である。このことは、渡仏した看護婦の総数は「六九名」であったにもかかわらず、九月一九日のパレードに参加した看護婦の数は「五二名」と記されていることからも明らかである（Fuhrmann 1927）。

14 在郷軍人会全国本部側が発行した資料（一九二七年九月一七日付けの在郷軍人会版『星条旗新聞』）には、ヘレン・フェアチャイルド基地に所属する看護婦たちは、ソンム墓地に移された「ヘレン・フェアチャイルドの墓を訪れ、献花する予定」であるとの記述がある（*The Stars and Stripes*, September 17, 1927）。しかし、ペンシルベニア大学に残されているファーマンの旅行記には、ソンム墓地訪問に関する記述はない。

15　他方、赤十字看護婦の制服を模倣した女性親族側の立場に立てば、この「制服」の着用は、彼女たち自身の銃後の「戦争体験」を可視化させる上で不可欠な戦略であった。アメリカの有名月刊誌『アトランティック』（一九四〇年一二月号）によれば、在郷軍人会の女性親族がこの「赤い裏地付きの青いケープ」を「制服」として着用した背景には「たった一人で残されて、兵士の給料でやりくりしながら、たくさんの小さな子どもたちと家で暮らして苦しい生活をしていた〔銃後の〕女性は、あつらえた制服を着用してパリに駐留していた未婚女性と同じくらい現実的に「私の役目」を果たしていた」のであり、銃後の体験を女性の海外従軍体験同様に重要なものとして認めて欲しいという思いがあったのだという（*The Atlantic*, November 1940）。ただし、彼女たち自身がそのように考えていたとしても、在郷軍人会機関誌の（男性）編集者にとっては、従軍看護婦の「制服」も女性親族の「制服」も、おしなべて「人目を引く」女性のファッションに過ぎなかった（*ALM*, December 1927）。

16　本節で挙げる絵はがきの図像は筆者が収集したものから成り立っており、定量的な基礎に立ったものではない。定量的な分析に義務づけられる量的な収集とカテゴリーごとの数値化作業は、今後の研究の課題としたい。

17　本書では妙木（2007: 120）にしたがい、「性というテーマを強調して模造された身体」を「性的身体」と呼ぶこととする。

終　章　「戦争体験」のジェンダー学のために

1　序列の応用可能性

日本では馴染みのない第一次世界大戦後のアメリカ在郷軍人会を、本書は分析対象としてきた。第一次世界大戦は「現代」を生んだ母胎であるとも言われるが（中野 2013: 172）、そこにおけるアメリカ最大の退役軍人組織に焦点を合わせることによって、「「戦争体験」のジェンダー学」と呼ぶべき歴史社会学的研究の第一歩を踏み出すことができると考えたためである。

本書には積み残された課題もある。資料上の制約から本書では分析することができなかった人種的・民族的マイノリティの「戦争体験」の検討が今後必要であることは言うまでもない。また、歴史学者C・キャポゾラが論じているような、第一次世界大戦時におけるアメリカの兵役拒否者の存在に焦点を当て（Capozzola 2008）、それと「「戦争体験」のジェンダー化された序列」の関係を問うことも重要である。戦間期在郷軍人会において、兵役拒否者、とりわけ外国生まれの兵役拒否者がどのような扱いを受けていたかは、公式機関誌の表紙イラストからも明らかであろう――「男らしい」巨人としての在郷軍人会に踏みつぶされる運命にある「ネズミ」である（図-i参照）。もっとも、在郷軍人会会員が西部戦線の英雄と崇めるヨーク軍曹も当初は歴とした「良心的兵役拒否者」であったのだから、事態はそれほど単純ではない。「兵役拒否者の男らしさ」が、常に「「戦争体験」のジェンダー化された序列」の厳格化（「戦争体験の神話化」）に敵対するとは限らないのだ。この点に関しては、より詳細な実証分析が必要とされるであろう。

本書が取り上げてきた「戦争体験」には、民間人のそれが含まれていないといぶかる向きもあるかもしれない。一九二〇年代在郷軍人会の事例から考察する限りにおいて、男性退役軍人の女性親族は「A' 男性戦闘体験者の妻（あるいは母）」のような付属的な地位しか与えられていない。本書第2章で確認したように、彼女が「傷痍軍人の妻」でありさえすれば（夫の苛酷な「戦争体験」を根拠として、あるいはその夫に献身的に尽くす彼女の「女らしさ」を根拠として）組織活動にむしろ優先的に参加することができるのだが、夫や息子から切り離された彼女たち自身の「戦争体験」は評価対象とされていない。「「戦争体験」のジェンダー化された序列」の最周縁である「D女性の従軍体験」とは、崇拝対象としてそれ単独で「神話化」され得る「戦争体験」の最果ての地なのである。

それゆえ、元従軍看護婦同士が結束して自らの勤務地を聖地化してしまうことによって、「神聖なる女性の従軍体験」を中心とする新たな序列が誕生する、という局面も、無論想定できる。だが、本書第3章から第5章までの考察で明らかにしたように、在郷軍人会に所属する元従軍看護婦たちは、そのような戦略を選択することはなかった。ヘレン・フェアチャイルド基地の看護婦たちが一九二七年巡礼で行ったことは、賑やかな「サマー・リゾート」と化したル・トレポールに新たな「聖地」を建設することではなく、「戦時中の制服」を身につけてパリで「パレード」や「ショッピング」を楽しむことであった。だが、それは決して「戦争体験の矮小化」や「戦争体験の商品化」、あるいは「戦争体験の風化」として片づけられる現象ではない。アミナ・ファーマンの旅行記に表れているように、彼女たちにとってはパリでの「パレード」や

図 i　「自由の女神の兄」。巨人化した在郷軍人会が女神の足元にたむろする「ボルシェヴィスト」や「IWW（世界産業労働者組合）」を追い払う。手前のネズミの名前は「外国人の兵役忌避者」（*ALW*, August 15, 1919）

「ショッピング」こそが、「「戦争体験」のジェンダー化された序列」のなかで長年周縁化されてきた自らの従軍体験を最も効果的に表現する手段であったのである。

2 「平和を愛する／戦争を抱きしめる」人々

戦時中の「軍人らしい」外出用制服を誇りにして身につける元従軍看護婦の行動は、銃後の女性や女性平和主義者との分断を生み出す「軍事化」された振る舞いの典型であると、C・エンローなら批判的に指摘するかもしれない。そのように指摘すれば、戦争遂行をめぐる「女性の分断」、および異なる政治的位置にある女性の経験の間の分析的なつながりというマクロな（そして見逃すことのできない、重要な）側面は、確かに明らかにすることができる。筆者がエンローの議論を総覧した学説史的論文を執筆した際にも、これを彼女の分析視角の最も優れた点の一つとして位置づけた（望戸 2006）。

一方で、在郷軍人会会員であることにこだわりつづけてきた元従軍看護婦たちが軍事化されていることを幾度指摘しても、彼女たち自身の戦略を見る上では得られるものが少ないということもまた事実なのである。換言すれば、本書が焦点を当ててきたのは、戦争が終わり戦地から復員してもなお「脱軍事化」される気などない女性たちであり、「第二の戦場」における自らの従軍体験を「第一の戦場」におけるそれと同等なものとして認めさせるべく、男性退役軍人組織の内部で努力を重ねてきた女性たちであった。ヘレン・フェアチャイルド基地の元従軍看護婦たちの戦略――貯金クラブの積極的活用、「戦時中の制服」の着用とパリでの擬制的身分の享受、そしてル・トレポール再訪――を「軍事化」をめぐる〈策略〉の一環として浮かび上がらせること（つまり、フランス大会委員会が誘導した「女性の分断」として捉えること）は不可能ではないが、なぜ「第二の戦場」の従軍体験者である彼女たち自身がそのような戦略を選び取ったのかという、ジェンダー研究者にとって最も重要であったはずの局面が明確にならないのである。

「軍事化」をめぐる〈策略〉をエンローが論じる際、議論の起点は「日常生活」（とりわけ、「女性の日常生活」）である。他方、「〈策略〉としての「戦争の平凡化」の過程」を分析するためには、議論の起点は「戦争」に位置づけておく必要がある。

C・シルヴェスターは、幅広い射程を持つエンローの「軍事化」分析が、「戦争」を論じる際に露呈してしまうことになる「ねじれ（quirks）」を批判的に指摘している。この指摘は、本書で用いた「戦争の平凡化」概念の有用性をジェンダー研究の視座から確認する上でも極めて重要なものであるため、以下に引用しておきたい。

> 戦争について記したエンローの著書には、多少のねじれがある。一つに、彼女がとる確固たる反戦の立場、それは賞賛され擁護されるべき立場であると私は取り急ぎ言い足しておくものであるが、しかしこのエンローの立場は、戦争を抱きしめる女性たち、あるいは戦争を政治的目標のために利用する女性たちを、分析的かつ経験的に難しい立場に置くという論理的帰結を生むのだ。もし私たちが生きる時代に軍事化の風潮があり、至る所で軍事化が促進され、有害な政治がはびこっているとするならば、進んで戦争および戦争機構に荷担していく女性たちは、現代版の虚偽意識に蝕まれているにちがいない。彼

女たちは戦争の鋳型を受け容れているか、戦争の偏在性と危険性に気づかないのか、戦争と軍事化が自分自身ないし社会にとって利益をもたらすと信じているにちがいないのだ。結果として軍事化は、過大評価される――それは資本主義のように大きな物語、あらゆるものに浸透し、他のいかなる概念をも凌駕する説明だ。この大きな物語をめぐって発せられる猛烈なメッセージ、生産方式、社会化過程といったものを前にしたとき、その他の諸実践はおよそ生き延びられそうもない。軍事化は不変のグローバルな規則になり、ゆえに本質主義あるいは還元主義にも思えてくるものなのである。(Sylvester 2013: 44-5, 強調は引用者)

本書が焦点を合わせてきた「〈策略〉としての「戦争の平凡化」の過程」とは、エンローの「軍事化」分析のなかで常に難しい立場に追いやられていた「戦争を抱きしめる」人々――具体的には、戦争を「ごく普通の振る舞い」として受容していく在郷軍人会会員――を分析の中心に据えるものであった。換言すれば、「神話化」と「平凡化」の相互作用を分析することによって、エンローの壮大な議論のなかに潜んでいる戦争をめぐる数々の「ねじれ」を実証的に修正していく作業を行うことができるのである。元従軍看護婦の戦場巡礼の事例に即して言えば、「戦時中の制服」を着てパリで「パレード」や「ショッピング」を楽しむ彼女たちの旅を「日常生活の軍事化」ではなく「戦争の平凡化」として捉える利点は、エンローの議論における演繹的な帰結(「彼女たちは戦争の鋳型を受け容れているか、戦争の偏在性と危険性に気づかないのか、戦争と軍事化が自分自身ないし社会にとって利益をもたらすと信じているにちがいない」といった想定)を避け、従軍体験者である彼女たち自身の意識的な戦略を浮き彫りにすることが可能になるという点にある。

そして、最も重要なのは、「戦争を抱きしめる」人々は、時として「平和を愛する」人々としても立ち現れるということである。たとえば、以下に引用するのは、（フランスへ旅した反戦主義者の決意表明文では、、、なく）一九二七年巡礼に参加したペンシルベニア州支部の在郷軍人会会員たちが往路の船上で盛んに歌っていた歌の一部である。

戦争の猟犬どもを、私たちは決して解き放たない。
平和を愛するものたちを、私たちは前に進ませる。
美しきフランスへ勢いよく進む、私たちのように。（Fuhrmann 1927: 3）

音楽の才がある在郷軍人会会員によって独自に作詞・作曲されたらしいこの歌は、アミナ・ファーマンの記すところによれば、船上の巡礼参加者の間で「大人気」を博していたという（「戦争の猟犬どもを、私たちは決して解き放たない」は、シェイクスピアの「ジュリアス・シーザー」を引用・改変したものであろう）。「船上には才能のある方々がたくさんいて、とても気前よくピアノを弾いたり、歌ったりしてくれました」と、ファーマンは戦場巡礼中の楽しい思い出として書き残している（Fuhrmann 1927: 2）。

ペンシルベニア州司令部が船上で独自に発行していた巡礼参加者向け情報誌『ペンシルベニアン』には、音楽以外にもさまざまな娯楽に興じる在郷軍人会会員の姿が伝えられている。同誌の「スポーツ欄」には以下のようにある。「最高記録達成、ヘレン・フェアチャイルド第四一二（看護婦）基地の元司令官、ミス・ポリー・ホーキンスは、木曜日に〔船上で〕開催された女性限定の釘早打ちコンテストに参加し、一二・五秒で四本もの釘を打ち込みました」(*The Pennsylvanian*, September 15, 1927)。同欄には、他にも「男性限定のじゃがいも競争」の優勝者の名や、甲板上で男女別に行われた「デッキテニス」の試合模様が記されている。「平和を愛する」歌を高らかに歌い、船上で「釘早打ちコンテスト」や「じゃがいも競争」に興じる人々――これが、「〈策略〉としての「戦争の平凡化」の過程」に身を投じた「戦争を抱きしめる」人々の姿である。

ここにおいて、「戦争を抱きしめる」人々は、むしろ「平和を愛するものたち」として立ち現れることになる。だからこそ「戦争の平凡化」は、「戦争体験の神話化」と同様に、ジェンダー研究者が決して見落とすことができない非常に重要な過程なのである。

3　序列の周縁から問う

「男性の戦闘体験」を頂点とする「「戦争体験」のジェンダー化された序列」の強大な力が、自分たちのかけがえのない「戦争体験」を消し去ろうとしている――一九二〇年代アメリカで在郷軍人会会員として生きた元従軍看護婦たちの危機感や怒りはそういうものであったろう。しかし同時に彼女たちは、その強大な「ジェンダー化された序列」の力に真に魅せられた女性たちでもある。「戦争体験の神話化」の恩恵が尽きようとする最果ての地で、「貯金」や「パレード」や「ショッピング」をめぐる戦略を熱心に組み立てることは、およそ一〇〇年後の今を生きる私たちにとって滑稽な行為に見えるだろうか。あるいは、むしろ驚くほどに現代的な行動と映るだろうか。

ヘレン・フェアチャイルド基地の元従軍看護婦たちは、在郷軍人会が推進する「神聖なる」戦場巡礼事業の意義を否定しなかった。むしろ、同事業に積極的に参加することを渇望した。「「戦争体験」のジェンダー化された序列」の最周縁で生きることを放棄し、序列の果ての向こう側に広がる世界――つまり、組織外――に移動しようとは考えなかったのだ。一九二七年巡礼において大勢の元従軍看護婦たち、そして大勢の「軍服を着ただけ」で戦争を終えた男たちが乗り込んだ「在郷軍人会公認船」は、序列の中心への一時的な誘いであった。船は各自の「戦争体験」の間に横たわる境界線を曖昧化しながらフランス、もとい「パリへ！」と進んでいった――本書冒頭に挙げた船上ディナー・メニューが示す通りである。

在郷軍人会が称揚する「戦争体験」は「親しみやすい」ものなどではなく、ましてや「神聖なる」崇拝対象などでは決してない――このように考える人々が、序列の向こう側の世界で確かに暮らしており、渡仏した在郷軍人会会員に自分たちの怒りを示そうとしていた。歴史学者B・ブロワーは、一九二七年巡礼の際にパレードに参加していたマサチューセッツ州支部会員に対して浴びせられたパリの観衆の怒声「電気椅《ウ・エ・ラ・》子はどこにあるんだ《シェーズ・エレクトリク》？」（マサチューセッツは第一次世界大戦中に徴兵を避けたアナーキストのサッコとヴァンゼッティを強盗殺人事件の容疑者として逮捕し、電気椅子で処刑した州であるため）を取り上げ、その顚末を当時の史資料に基づいて以下のように記している。

〔パリの〕ヴィクトル・ユーゴー大通りで、家具専門店の正面に〔在郷軍人会歓迎の意を示す〕星条旗がはためいているのを目にしたある人は、ポケットからリボルバーを取り出し、店の窓を撃ち抜いて穴

> をあけた。彼は逃げたが、その後逮捕された。しかしながら、ほとんどのいざこざは、パレード参加者〔在郷軍人会会員〕とその観衆〔フランス人〕の間に生じた偶発的な誤解によって期せずして消し去られてしまったらしい。たとえば、コンコルド広場から眺めていたアメリカ人劇作家エルマー・ライスは、以下のような出来事に気がついた。マサチューセッツ州支部の一団が広場に姿を見せると、観衆は「凶暴な喜びの声で」こう叫びはじめた「電気椅子はどこにあるんだ?《ウ・エ・ラ・シェーズ・エレクトリク》」。しかし、パレード参加者はその叫び声を誤解し、「特別な賛辞を贈ってもらえたと考えたので、お礼に感謝の気持ちを込めて、晴れやかな笑顔で手を振り返したのだ」。(Blower 2011: 200)

アミナ・ファーマンが旅行記のなかに記した「一〇〇歳まで生きたとしても、目を瞑ればあの日の光景がそっくりそのまま浮かんでくる」という感動のパレード風景は、その実、熱狂と興奮と「凶暴な」叫び声の渦のなかで生まれたものだった。序列の向こう側の世界から投げかけられた非難の叫び声は、フランス人の陽気な歓声として在郷軍人会会員の耳に残ったのだ。これは、フランス語がアメリカ人にはよく通じないというだけの単純な問題ではないだろう。戦場巡礼の積極的な担い手の一人であるファーマンは、「アメリカ万歳《ヴィーヴ・ラメリーク》」という歓迎のフランス語だけを(少なくとも、旅行記のなかでは)はっきり聞きとっていたのだから。

序列の向こう側から、その内側にいる人々に声を届けることは容易ではない。そうであるからこそ、序列の最果てで女性たちが上げる声、あるいは序列の周縁で男性たちが発する声に耳を傾けることが重要である。彼ら・彼女らは「気づかない」、彼ら・彼女らは「信じている」、彼ら・彼女らは「受け容れている」――それだけの想定で片づけてしまえば、それは「「戦争体験」のジェンダー化された序列」の永続を後押しする行為にほかならない。

後押しではなく、「凶暴な」非難の声や銃声でもなく、ジェンダー研究者の有意な分析こそが必要なのだ。

あとがき

祖父は厳格な法学者であった。その厳格さは元学徒兵ゆえであろうと、幼い頃の筆者はそう思っていた。大学生になり、沖縄研修旅行に参加した折、筆者は自由時間に「平和の礎」に刻まれた大伯父の名を探し、写真に撮って帰って祖父に渡した。受け取った彼は、とてもおだやかであった。一度も沖縄へ行ったことのなかった祖父は、その写真をずっと大切に持っていた。仲の良かった「学徒出陣の兄弟」を結ぶ手がかりを孫娘が運んでくれたと嬉しそうに話していたと、祖父の葬儀のときに人づてに聞いた。大伯父の遺骨はいまだ戻らない。

祖父が亡くなった後、筆者はアメリカ在郷軍人会のオフィスを偶然見かけた。当時は第二次世界大戦後の戦争遺族について調べていた。ワシントンＤＣのアメリカ議会図書館に向かう途次、大きなビルが目に留まった。外壁に銃を肩にした男性兵士像が高く掲げられていた。歩きながら、「礎」のこと、祖父のことを思った。アメリカ最大の退役軍人組織について考えをめぐらそうにも、日本には詳細な先行研究が見当たらない。それが不思議だった。

北海道で生まれ育った大伯父は、一九四五年に故郷から遠く離れた沖縄で若くして亡くなった。詳細は不明である。摩文仁の丘の麓に黒く立つ石に刻まれた大伯父の名を見つけたときから、本書の完成に向けた助走がはじまっていたのだと思う。

本書は、一橋大学大学院社会学研究科より社会学博士号を授与された学位論文に加筆と修正を施したものである。なお、本書の一部は既発表論文に基づいているが、いずれも大幅に加筆・改稿している。初出は以下の通りである。転載を許可してくれた学会および出版社に感謝する。

序　章　書き下ろし
第1章　書き下ろし
第2章「国民史教育と「一〇〇パーセント・アメリカニズム」――戦間期アメリカにおける在郷軍人会と「公共の記憶」」佐藤成基編著『ナショナリズムとトランスナショナリズム――変容する公共圏』法政大学出版局、二〇〇九年、一〇一-一二一頁を大幅に加筆・改稿。
第3章・第4章・第5章「退役軍人巡礼事業における「戦争の平凡化」の過程――アメリカ在郷軍人会による西部戦線巡礼と「聖地」創出」『社会学評論』第六三巻第四号、二〇一三年、五六九-五八四頁を大幅に加筆・改稿。
終　章　書き下ろし

本書第2章の元となった論考は、共著『ナショナリズムとトランスナショナリズム』（法政大学出版局）に寄せた拙稿「国民史教育と「一〇〇パーセント・アメリカニズム」」である。この論考のなかで、筆者は、一九三〇年代末から一九四〇年代にかけて興隆したアメリカ在郷軍人会による教科書排斥運動について論じた。同論考執筆時に筆者が抱いていた問題意識は、本書にも通奏低音として存在している。第一次世界大戦後に設立され、現在まで存続する、会員数二〇〇万人を優に超える在郷軍人会――その「巨大さ」の源を、第一次世界大戦後における同会の設立経緯に遡って明らかにしたいという思いである。その後、第一次世界大戦開戦一〇〇周年という時宜を得て、国内外で新たな研究が数多く著されたことも本書の執筆を後押しした。

また、本書第3章から第5章までの議論の元となったのは、『社会学評論』に掲載された拙稿「退役軍人巡礼事業における「戦争の平凡化」の過程」である。掲載当時（二〇一三年）、「軍事化」概念の提唱者であるシンシア・エンロー先生（アメリカ・クラーク大学）が来日され、直接ご指導をいただく機会を得た。筆者の修士論文のテーマは「シンシア・エンロー」その人であったので、ご指導を受けることができて光栄であった。エンロー先生は筆者に言った。「戦争の平凡化」とは、つまり、ジェンダー分析を行うということにほかならない。そのことを、あなたが示さなければならない。モッセの *Fallen Soldiers*（邦題『英霊』）は、ジェンダー分析を欠いているから、と。

以上は本書執筆の主要な契機であって、お世話になった方々は数多い。

指導教員の伊藤るり先生（一橋大学大学院）に感謝し、厚く御礼を申し上げたい。長年にわたってきめ細かなご指導をくださった伊藤先生は、本書の原型である学位論文の草稿段階から繰り返し目を通してくださり、社会学的研究に欠かせない数々のご指摘をくださった。

学位論文の論文指導委員を務めてくださった貴堂嘉之先生（一橋大学大学院）にも、深く御礼を申し上げたい。貴堂先生は「戦争体験の神話化」を歴史的過程として捉える重要性、そして、議論を進める上で見落とすことのできない先行研究についてご教授くださった。

学位論文の執筆においては、小井土彰宏先生、佐藤文香先生、中野聡先生（いずれも一橋大学大学院）にも貴重なご助言をいただいた。深く感謝申し上げたい。

アメリカ在郷軍人会の研究に取り組むきっかけとなる論考を執筆する機会をくださった佐藤成基先生（法政大学）、そして、大学院の先輩として導いてくださった小ヶ谷千穂先生（フェリス女学院大学）に深く謝意を表したい。また、『社会学評論』掲載論文の査読者として重要なコメントをくださった匿名のお二人の先生にも感謝申し上げたい。

ハーバート・フーヴァー大統領図書館、ニューヨーク公共図書館、ブルックリン公共図書館のスタッフの方々には、史資料収集の際にたびたびご協力をいただいた。一橋大学附属図書館、国立国会図書館のスタッフの方々にもお世話になった。記して感謝したい。

本書の刊行にあたっては、独立行政法人日本学術振興会、平成二八年度科学研究費補助金（研究成果公開促進費）の助成を受けることができた。また、明石書店の大野祐子氏のお力添えで本書が成立したことを書き記しておきたい。大野氏は本書のテーマの重要性をご理解くださり、学位論文を書籍に書き直す上で欠くことのできない数多くのご助言をくださった。心より感謝申し上げたい。

あとがきの冒頭で述べたように、筆者の「軍隊」や「戦争」に関する関心は、一橋大学名誉教授であり東京商科大学（現・一橋大学）の学徒出陣兵でもあった、祖父の故・喜多了祐に負うところが大きい。本書の最後に、彼への感謝を記したい。

二〇一六年一二月

望戸愛果

在郷軍人会略年表
（1915 年～ 1927 年）

1915 年 1 月	ニューヨーク市にて初代在郷軍人会発足
1915 年 5 月	ルシタニア号事件発生
1915 年 8 月	プラッツバーグ・キャンプ開始
1917 年	初代在郷軍人会、活動停止。アメリカがドイツに宣戦布告
1918 年 11 月	休戦協定締結
1919 年 2 月	パリにて二〇人委員会発足。戦後在郷軍人会の活動開始
1919 年 3 月	パリ・コーカス開催。新たな退役軍人組織の名称を「アメリカ在郷軍人会」とすることに決定
1919 年 5 月	セントルイス・コーカス開催
1919 年 6 月	三四人合同委員会発足。ニューヨーク市に全国本部を設置
1919 年 7 月	組織機関誌『アメリカン・リージョン・ウィークリー』創刊（後に『アメリカン・リージョン・マンスリー』に改題）
1919 年 11 月	ミネアポリスにて第 1 回全国大会開催。組織規約採択。全国本部をインディアナポリスに移転することを決定
1921 年 8 月～9 月	第 1 回目の戦場巡礼事業を実施。在郷軍人会の組織代表者約 250 名が、フランス政府が用意した戦争記念式典に参加するため渡仏
1922 年 8 月～9 月	第 2 回目の戦場巡礼事業を実施。約 50 名の在郷軍人会会員が参加。フランス、ベルギー、イギリスを巡る
1925 年	フランス大会委員会発足。目標参加者数 3 万人とする新たな戦場巡礼事業計画を発表
1926 年 10 月	第 8 回全国大会をフィラデルフィアにて開催。次回大会をパリで行うことを正式決定
1927 年 8 月～11 月	約 2 万人の在郷軍人会会員が渡仏。第 9 回全国大会をパリにて開催。「全国大会巡礼」を実施

出所：Pencak（1989）などに基づいて筆者作成。

Barbara Bates Center for the Study of the History of Nursing, University of Pennsylvania.
渡辺和行，2006，「退役兵士たちの政治力――全国退役兵士連合／退役兵士連盟／クロワ・ド・フー」福井憲彦編『アソシアシオンで読み解くフランス史』山川出版社，287-301.
Wheat, George Seay, 1919, *The Story of the American Legion: The Birth of the Legion*, New York and London: G. P. Putnam's Sons.
Wicker, John J., Jr., 1926a, "Have You Got the Money?," *The American Legion Weekly*, June 11: 6, 20.
————, 1926b, "Report of France Travel Convention Committee to Convention Committee on France Convention," U.S. House, *Proceedings of the Seventh National Convention of the American Legion*, Washington, D.C.: U.S. GPO, 58-64.
Winter, Jay and Antoine Prost, 2005, *The Great War in History: Debates and Controversies, 1914 to the Present*, Cambridge: Cambridge University Press.
山室信一，2014，「世界戦争への道，そして「現代」の胎動」山室信一ほか編『現代の起点　第一次世界大戦　第1巻　世界戦争』岩波書店，1-28.
Zeiger, Susan, 2004, *In Uncle Sam's Service: Women Workers with the American Expeditionary Force, 1917-1919*, Philadelphia: University of Pennsylvania Press.
————, 2010, *Entangling Alliances: Foreign War Brides and American Soldiers in the Twentieth Century*, New York: New York University Press.

Smith, Jill Halcomb, 2001, *Dressed for Duty: America's Women in Uniform, 1898-1973*, San Jose: R.J. Bender.

Stewart, Donald Ogden, 1926, *Mr. and Mrs. Haddock in Paris, France*, New York: Harper & Brothers.（= 1978, 浅倉久志訳『ハドック夫妻のパリ見物』早川書房）

Sylvester, Christine, 2013, *War as Experience: Contributions from International Relations and Feminist Analysis*, London: Routledge.

高橋章, 1999,『アメリカ帝国主義成立史の研究』名古屋大学出版会.

高井昌吏, 2011,「「祈念」メディアと「真正さ」の変容――ひめゆりの塔・ツーリズム・資料館」高井昌吏編『「反戦」と「好戦」のポピュラー・カルチャー――メディア／ジェンダー／ツーリズム』人文書院, 13-46.

田中勇, 1996,『国際社会の性質――国際政治研究の視座から』近代文藝社.

Taylor, Emerson Gifford, 1920, *New England in France, 1917-1919: A History of the Twenty-Sixth Division U.S.A.*, Boston and New York: Houghton Mifflin Company.

Trout, Steven, 2010, *On the Battlefield of Memory: The First World War and American Remembrance, 1919-1941*, Tuscaloosa: University of Alabama Press.

津田博司, 2012,『戦争の記憶とイギリス帝国――オーストラリア, カナダにおける植民地ナショナリズム』刀水書房.

上杉忍, 1972,「アメリカ右翼・ファシズム運動研究序説――参戦過程の非米活動委員会をめぐって」『人文学報』89: 341-403.

United States Lines, 1924, *World War Veterans 30 Day Trip to France and the Battlefields*, The Ley and Lois Smith War, Memory and Popular Culture Research Collection, History Department, Western University.

Urwin, Gregory, J. W., 2000, *The United States Infantry: An Illustrated History, 1775-1918*, Norman: University of Oklahoma Press.

U.S. Bureau of the Census, 1975, *Historical Statistics of the United States, Colonial Times to 1970*, Pt. 1, Washington, D.C.: U.S. GPO.

U.S. House, Committee on Veterans' Affairs, 1990, *Transfer of Pershing Hall to Department of Veterans*, Washington, D.C.: U.S. GPO.

U.S. Senate, Committee on Military Affairs, 1935, *American Legion Memorial, Paris, France*, Washington, D.C.: U.S. GPO.

Wagner, Florence E., 1938, "A Brief History of the Helen Fairchild Nurses Post No. 412 American Legion," American Legion Helen Fairchild Nurses' Post No.412 Records, Box 1, Folder 34,

憶する』松籟社）

Reynolds, Bruce, 1927, *Paris with the Lid Lifted*, New York: George Scully & Company.

Roberts, Mary Louise, 2013, *What Soldiers Do: Sex and the American GI in World War II France*, Chicago: University of Chicago Press.（= 2015，佐藤文香監訳，西川美樹訳『兵士とセックス――第二次世界大戦下のフランスで米兵は何をしたのか？』明石書店）

Rote, Nelle Fairchild Hefty, 2006, *Nurse Helen Fairchild, WWI, 1917-1918*, Boulder City: Create-A-Book.

Rumer, Thomas A., 1990, *The American Legion: An Official History, 1919-1989*, New York: M. Evans.

斎藤眞，2000，「アメリカン・リージョン」斎藤眞ほか監修『新訂増補　アメリカを知る事典』平凡社，42-3.

Sandlin, Monte Clay, 1948, *The American Legion in Alabama, 1919-1948*, Montgomery: The American Legion Department of Alabama.

佐藤文香，2014，「軍事化とジェンダー」『ジェンダー史学』10: 33-7.

佐藤成基，2012，「シンボルと大衆ナショナリズム――ジョージ・L・モッセ『英霊』」野上元，福間良明編『戦争社会学ブックガイド――現代世界を読み解く 132 冊』創元社，53-7.

Savage, Howard P., circa 1926-1927, "A Sacred Pilgrimage," American Legion, *On to Paris*, s.l.: American Legion. American Legion Conference Subject File, 1927, American Library Association Archives, University of Illinois, Urbana-Champaign.

Sedgwick, Eve Kosofsky, 1985, *Between Men: English Literature and Male Homosocial Desire*, New York: Columbia University Press.（= 2001，上原早苗，亀澤美由紀訳『男同士の絆――イギリス文学とホモソーシャルな欲望』名古屋大学出版会）

Shafer, Chet, 1927, *The Second A.E.F.: The Pilgrimage of the Army of Remembrance*, New York: The Doty Corporation.

島田真杉，1981，「ウィルソン政権と市民的自由」今津晃編著『第一次大戦下のアメリカ――市民的自由の危機』柳原書店，71-113.

Skocpol, Theda, 1992, *Protecting Soldiers and Mothers: The Political Origins of Social Policy in the United States*, Cambridge: Belknap Press of Harvard University Press.

————, 2003, *Diminished Democracy: From Membership to Management in American Civic Life*, Norman: University of Oklahoma Press.（= 2007，河田潤一訳『失われた民主主義――メンバーシップからマネージメントへ』慶應義塾大学出版会）

American Nationalism between the World Wars," Ph.D., dissertation, University of Virginia.
Noakes, Lucy, 1997, "Making Histories: Experiencing the Blitz in London's Museums in the 1990s," Martin Evans and Ken Lunn eds., *War and Memory in the Twentieth Century*, Oxford: Berg, 89-104.
野間恒，2008，『増補　豪華客船の文化史』NTT 出版.
Northwestern National Bank of Minneapolis, Authorized American Legion, 1925a, *On to Paris Club*, Minneapolis: American Legion.
———, 1925b, *For Reference and to Preserve Memories of Days Spent in This Area*, Minneapolis: American Legion.
岡本亮輔，2012，『聖地と祈りの宗教社会学――巡礼ツーリズムが生み出す共同性』春風社.
大森一輝，2011，「南北戦争の「大義」と「愛国者」の連帯――北軍復員兵組織の指導者となった黒人の生涯」『アメリカ史研究』34: 53-65.
小野秀雄，1962，「総記　世界新聞史」岡本光三編『日本新聞百年史』日本新聞連盟，171-208.
Ortiz, Stephen R., 2009, "Veterans of Foreign Wars," William Pencak ed., *Encyclopedia of the Veteran in America*, Vol. 2, Santa Barbara: ABC-CLIO, 410-7.
O'Ryan, John F., 1920, "Report of Major General John F. O'Ryan on Duty Abroad," State of New York, Adjutant General's Office, *Annual Report of the Adjutant-General of the State of New York for the Year 1920*, Albany: J. B. Lyon Company.
Owen, Thomas McAdory, 1929, *The Alabama Department of the American Legion, 1919-1929*, s.l.: State Department of Archives and History.
Painton, Frederick C., 1927, " Why They Want to Go to France," *The American Legion Monthly*, April: 40-2, 95.
Pencak, William, 1989, *For God & Country: The American Legion, 1919-1941*, Boston: Northeastern University Press.
———, 2009, "Women Veterans, World War I to the Present," William Pencak ed., *Encyclopedia of the Veteran in America*, Vol. 2, Santa Barbara: ABC-CLIO, 456-65.
Pernoud, Régine and Marie-Véronique Clin, 1986, *Jeanne d'Arc*, Paris: Fayard.（= 1992，福本直之訳『ジャンヌ・ダルク』東京書籍）
Piehler, G. Kurt, 1995, *Remembering War the American Way*, Washington, D.C.: Smithsonian Institution Press.（= 2013，島田眞杉監訳，布施将夫ほか訳『アメリカは戦争をこう記

松沼美穂，2008，「兵士たちのフランス軍団――ヴィシー政権下の退役兵士団体」『思想』1006: 93-109.

Michigan Nurses Association, 2004, *Proud of Our Past, Preparing for Our Future: A History of the Michigan Nurses Association, 1904-2004*, Paducah: Turner Publishing Company.

Miller, William H., 2001, *Picture History of American Passenger Ships*, Mineola: Dover Publications.

望戸愛果，2006，「シンシア・エンローにおける「軍隊と女性」をめぐる分析視角――初期エスニシティ研究を起点とした統一像」『年報社会学論集』19: 49-60.

――――，2007，「1968年「未亡人GIビル」制定をめぐるジェンダー・ポリティクス――アメリカ連邦議会公聴会議事録に見る戦争未亡人像の転換過程」『Sociology Today』17: 1-17.

――――，2009，「国民史教育と「一〇〇パーセント・アメリカニズム」――戦間期アメリカにおける在郷軍人会と「公共の記憶」」佐藤成基編著『ナショナリズムとトランスナショナリズム――変容する公共圏』法政大学出版局，101-21.

――――，2013，「退役軍人巡礼事業における「戦争の平凡化」の過程――アメリカ在郷軍人会による西部戦線巡礼と「聖地」創出」『社会学評論』63(4): 569-84.

Moody, H. G., 1931, *"Meet the King": Story of Second A.E.F.'s Pilgrimage after Hitting the Paris Trail*, New York: The Winwick Company.

Moore, Constance J. and Jan Herman, 1999, "Nurse Corps, Army and Navy," John Whiteclay Chambers, II, ed., *The Oxford Companion to American Military History*, Oxford and New York: Oxford University Press, 514-5.

Mosse, George L., 1990, *Fallen Soldiers: Reshaping the Memory of the World Wars*, New York and Oxford: Oxford University Press.（= 2002，宮武実知子訳『英霊――創られた世界大戦の記憶』柏書房）

妙木忍，2007，「一九七〇年代伊勢観光における遊興空間の成立と変容――医学用模型の展示と性の視覚化」『ソシオロジ』52(1): 119-34.

中野博文，1994，「20世紀初頭の陸軍改革と合衆国の政党政治――1917年選抜徴兵法制定をめぐって」『歴史学研究』657:18-33, 57.

中野耕太郎，2006，「戦争とアメリカ化――第一次世界大戦と多元的国民国家統合」上杉忍，巽孝之編著『アメリカの文明と自画像』ミネルヴァ書房, 179-205.

――――，2013，『戦争のるつぼ――第一次世界大戦とアメリカニズム』人文書院.

Nehls, Christopher Courtney, 2007, ""A Grand and Glorious Feeling": The American Legion and

法律文化社.

James, Marquis, 1923, *A History of the American Legion*, New York: W. Green.

城達也，2002，「戦争体験の「物語」と人間存在——モッセ『英霊——創られた世界大戦の記憶』によせて」『情況 第三期』3(7): 146-53.

Jones, Mary Cadwalader, 1900, *European Travel for Women: Notes and Suggestions*, New York: Macmillan Company.

Jones, Richard Seelye, 1946, *A History of the American Legion*, Indianapolis and New York: Bobbs-Merrill Company.

亀山美知子，1984，『戦争と看護』ドメス出版.

貴堂嘉之，2006，「「血染めのシャツ」と人種平等の理念——共和党急進派と戦後ジャーナリズム」樋口映美，中條献編『歴史のなかの「アメリカ」——国民化をめぐる語りと創造』彩流社，21-42.

北原恵，2008，「米国プロパガンダ・ポスターにみるナショナリズムとジェンダー」上村くにこ編『暴力の発生と連鎖』人文書院，104-30.

高媛，2000，「ノスタルジーと観光——戦後における日本人の「満州」観光」『国際交流』23(1): 25-30.

小関隆，平野千果子，2014，「ヨーロッパ戦線と世界への波及」山室信一ほか編『現代の起点　第一次世界大戦　第1巻　世界戦争』岩波書店，31-54.

Laugesen, Amanda, 2012, *'Boredom is the Enemy': The Intellectual and Imaginative Lives of Australian Soldiers in the Great War and Beyond*, Farnham and Burlington: Ashgate Publishing.

Levenstein, Harvey, 1998, *Seductive Journey: American Tourists in France from Jefferson to the Jazz Age*, Chicago: University of Chicago Press.

Lindbergh, Charles A., 1927, "They'll Be Glad to See You," *The American Legion Monthly*, September: 6.

Lipset, Seymour Martin 1996, *American Exceptionalism: A Double-Edged Sword*, New York: W.W. Norton.（= 1999，上坂昇，金重紘訳『アメリカ例外論——日欧とも異質な超大国の論理とは』明石書店）

Loosbrock, Richard J., 1968, *The History of the Kansas Department of American Legion*, Topeka: Kansas Department of the American Legion.

松原宏之，2013，『虫喰う近代——一九一〇年代社会衛生運動とアメリカの政治文化』ナカニシヤ出版.

Pa.," American Legion, Helen Fairchild Nurses' Post No.412 Records, Box 1, Folder 36, Barbara Bates Center for the Study of the History of Nursing, University of Pennsylvania.

藤原辰史，2014，「暴力の行方——革命，義勇軍，ナチズムのはざまで」山室信一ほか編『現代の起点　第一次世界大戦　第4巻　遺産』岩波書店，53-75.

古矢旬，2002，『アメリカニズム——「普遍国家」のナショナリズム』東京大学出版会.

Gault, Henri and Christian Millau, 1970, "Turning on in Paris," *Holiday*, 48(2): 73-5.

Gavin, Lettie, 2006, *American Women in World War I: They Also Served*, Boulder: University Press of Colorado.

Ghajar, Lee Ann, 2006, "Fairchild, Helen," Bernard A. Cook ed., *Women and War: A Historical Encyclopedia from Antiquity to the Present*, Vol. 1, Santa Barbara: ABC-CLIO, 175-6.

Gillies, George J., 1919, "On Leave Over Christmas," *The Seventh Regiment Gazette*, March: 368-9.

Goodrich, Annie Warburton, 1919, *History of the Army School of Nursing*, Washington, D.C.: Historical Division, Office of the Surgeon General, U.S. Army.

Griggs, Arthur Kingsland and J. G. Bartholomew, 1924, *Paris for Everyman*, London and Toronto: J. M. Dent & Sons.

Hanotaux, Gabriel, circa 1921, "Mr. G. Hanotaux's Speech," Henry de Cardonne, *Unveiling of the Statue of Joan of Arc. Inauguration de la Statue de Jeanne d'Arc. The American Legion at Blois. La Légion Américaine à Blois*, Blois: R. Duguet et Cie, 29-38.

林田敏子，2013，『戦う女，戦えない女——第一次世界大戦期のジェンダーとセクシュアリティ』人文書院.

Helen Fairchild Nurses' Post No. 412, 1921, "Ballot for 1921," American Legion, Helen Fairchild Nurses' Post No.412 Records, Box 1, Folder 33, Barbara Bates Center for the Study of the History of Nursing, University of Pennsylvania.

————, 1925, "Dance: Benjamin Franklin Hotel Philadelphia, PA., January 22nd, 1925" American Legion, Helen Fairchild Nurses' Post No.412 Records, Box 1, Folder 35, Barbara Bates Center for the Study of the History of Nursing, University of Pennsylvania.

Higham, John, 2004, *Strangers in the Land: Patterns of American Nativism, 1860-1925 (Sixth Paperback Printing)*, New Brunswick: Rutgers University Press.

Hoeber, Paul B., 1921, *History of the Pennsylvania Hospital Unit (Base Hospital No. 10, U.S.A.) in the Great War*, New York: Paul B. Hoeber.

星野英紀，山中弘，岡本亮輔編，2012，『聖地巡礼ツーリズム』弘文堂.

今井宏昌，2016，『暴力の経験史——第一次世界大戦後ドイツの義勇軍経験　1918～1923』

Cornebise, Alfred Emile, 1997, *Soldier-Scholars: Higher Education in the AEF, 1917-1919*, Philadelphia: American Philosophical Society.

Darrow, Margaret H., 2000, *French Women and World War I: Stories from the Home Front*, Oxford: Berg.

Dunn, Jacob Piatt, 1919, *Indiana and Indianans: A History of Aboriginal and Territorial Indiana and the Century of Statehood*, Vol.5, Chicago and New York: American Historical Society.

Dupuy, L. Edw., 1921, "The American Legion in France," *The Winged Foot*, October: 9-12.

Elder, Bowman, 1927, "Report of the France Convention Travel Committee," U.S. House, *Proceedings of the Eighth National Convention of the American Legion*, Washington, D.C.: U.S. GPO, 88-107.

———, 1928, "Report of the France Convention Committee," U.S. House, *Proceedings of the Ninth National Convention of the American Legion*, Washington, D.C.: U.S. GPO, 229-33.

———, 1929, "Report of the France Convention Committee," U.S. House, *Proceedings of the Tenth National Convention of the American Legion*, Washington, D.C.: U.S. GPO, 237-68.

Enloe, Cynthia, 1983, *Does Khaki Become You?: The Militarization of Women's Lives*, London: Pluto Press.

———, 1993, *The Morning After: Sexual Politics at the End of the Cold War*, Berkeley: University of California Press.（= 1999，池田悦子訳『戦争の翌朝——ポスト冷戦時代をジェンダーで読む』緑風出版）

———, 2000, *Maneuvers: The International Politics of Militarizing Women's Lives*, Berkeley: University of California Press.（= 2006，上野千鶴子監訳，佐藤文香訳『策略——女性を軍事化する国際政治』岩波書店）

Fabre, Michel, 1991, *From Harlem to Paris: Black American Writers in France, 1840-1980*, Urbana: University of Illinois Press.

Fisher, Susan, 2011, *Boys and Girls in No Man's Land: English-Canadian Children and the First World War*, Toronto: University of Toronto Press.

Fladeland, Betty L., 1971, "Edmonds, Sarah Emma Evelyn," Edward T. James ed., *Notable American Women, 1607-1950: A Biographical Dictionary*, Vol. 1, Cambridge: Belknap Press of Harvard University Press, 561-2.

Fuhrmann, Amina, 1927, "History of an American Legion Necktie Worn by John Elsesser, Post #127 York, Pa. in State Convention Parade, York, Pa., August 6, 1927, and Taken to National Convention in Paris, France, September 1927 by Amina Fuhrmann Post #412, Philadelphia,

戦』岩波書店.

Beaune, Colette, 2004, *Jeanne d'Arc*, Paris: Perrin.（= 2014，阿河雄二郎ほか訳，『幻想のジャンヌ・ダルク――中世の想像力と社会』昭和堂）

Beede, Benjamin R., 2009, "American Legion," William Pencak ed., *Encyclopedia of the Veteran in America*, Vol. 1, Santa Barbara: ABC-CLIO, 57-69.

Blaetz, Robin, 2001, *Visions of the Maid: Joan of Arc in American Film and Culture*, Charlottesville: University Press of Virginia.

Blower, Brooke L., 2011, *Becoming Americans in Paris: Transatlantic Politics and Culture between the World Wars*, Oxford and New York: Oxford University Press.

Budreau, Lisa M., 2010, *Bodies of War: World War I and the Politics of Commemoration in America, 1919-1933*, New York: New York University Press.

Bullough, Vern L. and Lilli Sentz eds., 2000, *American Nursing: A Biographical Dictionary*. Vol. 3, New York: Springer Publishing Company.

Byerly, Carol R., 2005, *Fever of War: The Influenza Epidemic in the U.S. Army during World War I*, New York: New York University Press.

Campbell, Alec, 1997, "The Invisible Welfare State: Class Struggles, the American Legion and the Development of Veterans' Benefits in the Twentieth Century United States," Ph.D., dissertation, University of California, Los Angeles.

————, 2003, "Where Do All the Soldiers Go? Veterans and Politics of Demobilization," Davis, Diane E. and Anthony W. Pereira, eds., *Irregular Armed Forces and Their Role in Politics and State Formation*, Cambridge and New York: Cambridge University Press, 96-117.

————, 2010, "The Sociopolitical Origins of the American Legion," *Theory and Society*, 39 (1): 1-24.

Capozzola, Christopher Joseph Nicodemus, 2008, *Uncle Sam Wants You: World War I and the Making of the Modern American Citizen*, Oxford and New York: Oxford University Press.

Cardonne, Henry de, circa 1921, *Unveiling of the Statue of Joan of Arc. Inauguration de la Statue de Jeanne d'Arc. The American Legion at Blois. La Légion Américaine à Blois*, Blois: R. Duguet et Cie, 29-38.

Clifford, John Garry, 1972, *The Citizen Soldiers: The Plattsburg Training Camp Movement, 1913-1920*, Lexington: University Press of Kentucky.

Corkan, Lloyd A. M., circa 1930, *History of the Anderson-Adkins Post, No. 19, American Legion: New Brighton, Pennsylvania, 1920-1930*, s.l.: s.n.

参考文献

アレキサンダー，ロニー，2004，「平和を阻む「日常性」――ナショナル／トランスナショナル・バイオレンスにかかわる「ジェンダー」」『国際協力論集』11(3): 47-71.

American Battle Monuments Commission, 1927, *A Guide to the American Battle Fields in Europe*, Washington: U.S. GPO.

American Legion, 1919, *Committee Reports and Resolutions Adopted at the First National Convention of the American Legion*, Minneapolis: American Legion.

———, 1922, *A Summary of Proceedings (Revised) Fourth National Convention of the American Legion*, s.l.: American Legion.

———, 1928, *Minutes of Meeting of the France Convention Investigating Committee*, January 14, s.l.: American Legion.

American Legion, Department of Massachusetts, 1926, *Annual Proceedings. The American Legion, Department of Massachusetts*, Massachusetts: s.n.

American Legion, Department of New York, 1927, *Proceedings of the Ninth Annual Convention of the American Legion, Department of New York*, Albany: J. B. Lyon Company.

American Legion France Convention Committee, 1927, *On to Paris as a Member of the Second A.E.F.*, s.l.: American Legion France Convention Committee.

American Legion News Service, 1924, "Commander Wicker Busy Legionnaire," *Lake Benton News*, April 4: 3.

Anderson, Benedict, 1998, *The Spectre of Comparisons: Nationalism, Southeast Asia, and the World*, London and New York: Verso.（= 2005，糟谷啓介，高地薫ほか訳『比較の亡霊――ナショナリズム・東南アジア・世界』作品社）

荒木映子，2010，「なぜ戦場ツアーか？――追悼，ゴシック，サブライム」玉井暲教授退職記念論文集刊行会『英米文学の可能性――玉井暲教授退職記念論文集』英宝社，21-36.

———，2013，「「第二の戦場」のモダニズム」『神戸女学院大学論集』60(1): 1-20.

———，2014，『ナイチンゲールの末裔たち――〈看護〉から読みなおす第一次世界大

表 5-3　アミナ・ファーマンの旅行記にみる元従軍看護婦たちの旅程［193］

図 5-5　“Mrs. Louis N. Julienne of Mississippi, Auxiliary Parade Chairman,” *The Second A.E.F.: The Pilgrimage of the Army of Remembrance.*［197］

図 5-6　This is the famous red-lined cape of dark blue worn by the Red Cross nurse. Joel Feder, 1918. National Archives and Records Administration 所蔵［197］

図 5-7　“South Dakota and Rhode Island,” *The Second A.E.F.: The Pilgrimage of the Army of Remembrance.*［197］

図 5-8　“Lafayette,” *The American Legion Monthly*, September 1927.［200］

図 5-9　“Friendship,” Ch. Garry, Postcard, circa 1927.［201］

図 5-10　“Paris Septembre 1927,” Postcard, circa 1927.［202］

図 5-11　“Le Souvenir (1917-1927),” Postcard, circa 1927.［203］

図 5-12　“Une saleté,” *L'Œuvre*, 24 août 1927.　中央大学図書館所蔵［205］

図 5-13　“Official Mascot of the Legion,” *The Washington Post*, September 18, 1927. 国立国会図書館所蔵［213］

図 5-14　“Wally, still here, after the Second Battle of Paris, and another Pennsylvanian, Jay Ward, mascot of the Second A. E. F,” *The American Legion Monthly*, March 1928.［213］

図 5-15　“Typical American Boy In Marshal Foch Uniform,” *The Brooklyn Daily Eagle*, September 17, 1928. Brooklyn Public Library − Brooklyn Collection 所蔵［214］

図 5-16　“Here's How!,” *The American Legion Monthly*, November 1932.［220］

図 5-17　“English Spoken,” *The American Legion Monthly*, November 1932.［221］

図 5-18　“Paris Post's squadron of the Sons of The American Legion lines up in the courtyard of Pershing Hall,” *The American Legion Monthly*, October 1935.［223］

終 章

図 i　“Her Big Brother,” *The American Legion Weekly*, August 15, 1919.［231］

第4章

図4-1 1919年から1929年までのアメリカにおける海外旅行者数の変遷［128］

図4-2 "Map Showing Location of American Military Cemeteries in Europe," *A Guide to the American Battle Fields in Europe*.［135］

表4-1 1922年巡礼の旅程［143］

図4-3 "Cook's Travel Service," *The American Legion Monthly*, August 1926.［146］

図4-4 "The Legion party on the march," *The American Legion Weekly*, October 20, 1922.［148］

図4-5 "Ex-Privates Carl H. Zorn of Gibsonburg, O., and Charles Kirkwood of Columbus, O., veterans of the First Division, place a wreath on the grave of the Poilu Inconnu at Paris," *The American Legion Weekly*, October 20, 1922.［149］

図4-6 "Are you going over there with the Legion?," *The American Legion Weekly*, July 7, 1922.［153］

図4-7 "Comforts of Home at Sea on U.S. Government Ships," *The American Legion Weekly*, July 28, 1922.［155］

図4-8 "Five Low Cost Tours to France and the Battlefields," *The American Legion Weekly*, September 12, 1924.［157］

図4-9 *World War Veterans 30 Day Trip to France and the Battlefields*. The Ley and Lois Smith War, Memory and Popular Culture Research Collection, History Department, Western University所蔵［159］

第5章

表5-1 1927年巡礼の旅程［164］

表5-2 1927年巡礼における州支部ごとの参加者数と参加率［171］

図5-1 "Battlefield and Cemetery Tours," *On to Paris as a Member of the Second A.E.F.*［173］

図5-2 "They'll Be Glad to See You," *The American Legion Monthly*, September 1927.［183］

図5-3 "Nurses, Too," *The Second A.E.F.: The Pilgrimage of the Army of Remembrance*.［188］

図5-4 An Army nurse wears the Caduceus, the winged staff and serpent of the Medical Corps, with the "U.S." on her outdoor uniform. Joel Feder, 1914. Library of Congress所蔵［189］

図表一覧

（［　］は掲載頁）

序章

第1章

第2章

第3章

ま・や行

ら・わ行

た　行

な　行

は　行

さ　行

事項索引

あ 行

か 行

た　行

ダルク，ジャンヌ（Jeanne d'Arc）　105-7，109，112-4，124，203-5
ダロウ，M（Margaret Darrow）　30
ダンロップ，マーガレット（Margaret Dunlop）　40，78-82，194
津田博司　23
デラノ，ジェーン（Jane Delano）　94
ドーリエ，F（Franklin D'Olier）　72，74，115-8
トラウト，S（Steven Trout）　24，45

な　行

中野耕太郎　68，93
ネールズ，C（Christopher Nehls）　68-9
ノークス，L（Lucy Noakes）　184
野間恒　153

は　行

パーシング将軍（John Pershing）　9，163，168，183，215
ハーディング大統領（Warren Harding）　108
パーマー，フレデリック（Frederick Palmer）　132
ピーラー，G（G. Piehler）　102
ファーマン，アミナ（Amina Fuhrmann）　190-4，198，226，231，235，238
フィッシャー，S（Susan Fisher）　214
プール，アーネスト（Ernest Poole）　137，140
フェアチャイルド，ヘレン（Helen Fairchild）　73，78-9，81，94，192，194-5，226
フォアマン，M（Milton Foreman）　74，115，117-8
フォッシュ，フェルディナン（Ferdinand Foch）　9，109，116，164，183，193，213-5
藤原辰史　23
ブドロー，L（Lisa Budreau）　24-5，104，134
ブレッツ，R（Robin Blaetz）　106
ブロワー，B（Brooke Blower）　24，164，198，211，237
ペンカック，W（William Pencak）　24，39，69，92，224

ま・や 行

松沼美穂　23
松原宏之　62
モッセ，G（George Mosse）　17-21，29-30，34，38，42，48，51，54，101-2，125，154，185，200，204，208-9，214，218
ヨーク軍曹（Alvin York）　10，12，14，22，47，230

ら・わ 行

ラフリン，クララ（Clara Laughlin）　129-30
リンズリー，H（Henry Lindsley）　74，115，117-8

人名索引

あ 行

か 行

さ 行

【著者紹介】

望戸愛果（もうこ・あいか）

一橋大学大学院社会学研究科博士後期課程修了。博士（社会学）。2017 年 4 月より、日本学術振興会特別研究員 PD。専門は、国際社会学、歴史社会学、ジェンダー研究。主な著書・論文に、「退役軍人巡礼事業における「戦争の平凡化」の過程 ── アメリカ在郷軍人会による西部戦線巡礼と「聖地」創出」『社会学評論』第 63 巻第 4 号（2013 年）、「国民史教育と「一〇〇パーセント・アメリカニズム」── 戦間期アメリカにおける在郷軍人会と「公共の記憶」」佐藤成基編著『ナショナリズムとトランスナショナリズム ── 変容する公共圏』法政大学出版局（2009 年）、「1968 年「未亡人 GI ビル」制定をめぐるジェンダー・ポリティクス ── アメリカ連邦議会公聴会議事録に見る戦争未亡人像の転換過程」『Sociology Today』第 17 号（2007 年）などがある。

「戦争体験」とジェンダー

アメリカ在郷軍人会の第一次世界大戦戦場巡礼を読み解く

二〇一七年一月三〇日　初版第一刷発行

著　者──望戸　愛果

発行者──石井　昭男

発行所──株式会社 明石書店

一〇一－〇〇二一 東京都千代田区外神田六－九－五

電話　〇三－五八一八－一一七一

ＦＡＸ　〇三－五八一八－一一七四

振替　〇〇一〇〇－七－二四五〇五

http://www.akashi.co.jp

装　丁──明石書店デザイン室

印刷・製本──モリモト印刷株式会社

（定価はカバーに表示してあります）

ISBN978-4-7503-4463-8

兵士とセックス

第二次世界大戦下のフランスで米兵は何をしたのか?

メアリー・ルイーズ・ロバーツ［著］
佐藤文香［監訳］ 西川美樹［訳］

◎四六判／上製／436頁 ◎3,200円

1944年夏、フランス・ノルマンディーにアメリカ軍がさっそうと乗り込んだ。連合国軍の一員としてフランスを解放するために。しかし、彼らが行ったのはそれだけではなかった。売買春、レイプ、人種差別……。いま明かされる驚愕の真実とは！

《内容構成》

〈価格は本体価格です〉